珊瑚礁生态系统动力学模型与仿真模拟

王耕 董瑞 周腾禹 郭皓 著

科学出版社
北京

内 容 简 介

本书从系统科学的视角构建了西沙珊瑚礁生态系统动力学模型，并从环境胁迫和诊断修复的角度探讨了西沙珊瑚礁生态系统的整体演化过程，同时基于适应性循环给出了西沙珊瑚礁生态系统的适应性管理方式，为西沙珊瑚礁生态系统的保护和修复提供借鉴和参考。

本书可作为地理学、生态学、环境科学和海洋科学等相关领域研究人员的参考书，也可作为相关专业本科生和研究生的教材。

图书在版编目(CIP)数据

珊瑚礁生态系统动力学模型与仿真模拟/王耕等著. —北京：科学出版社，2021.11

ISBN 978-7-03-066561-4

Ⅰ. ①珊… Ⅱ. ①王… Ⅲ. ①珊瑚礁-生态系统-研究 Ⅳ. ①P737.2

中国版本图书馆 CIP 数据核字（2020）第 208630 号

责任编辑：孟莹莹 狄源硕 / 责任校对：樊雅琼

责任印制：吴兆东 / 封面设计：无极书装

科学出版社 出版

北京东黄城根北街 16 号

邮政编码：100717

http://www.sciencep.com

北京捷迅佳彩印刷有限公司 印刷

科学出版社发行 各地新华书店经销

*

2021 年 11 月第 一 版 开本：720×1000 1/16

2021 年 11 月第一次印刷 印张：10 1/2

字数：212 000

定价：99.00 元

（如有印装质量问题，我社负责调换）

本书承蒙：

中国科学院战略性先导科技专项（A 类）（XDA13020401）资助

（Supported by the Strategic Priority Research Program of the Chinese Academy of Sciences（A），Grant No. XDA13020401）

教育部人文社会科学重点研究基地重大项目（18JJD790005）资助

（Supported by Major Project of the Key Research Base of Humanities and Social Sciences of the Ministry of Education, Grant No. 18JJD790005）

作者委员会名单

顾　　问：丁德文

作　　者：王　耕　董　瑞　周腾禹　郭　皓

参与组员：温　泉　索安宁　张振冬　杨正先　林　勇
邵魁双　高　猛　张安国　孙永光　丁　丽
徐超璇　杨　钰　常　畅　刘一江　于小茜
石永辉　关晓曦　张挥航　王希哲　蔡旺红
刘　悦　王佳雯　畅天宇

序　一

珊瑚礁生态系统是生物多样性和生态价值较高的海洋生态系统之一，也是我国较为典型的海洋生态系统之一，有着“海洋中的热带雨林”和“海上长城”的美誉。珊瑚礁生态系统在维持海洋生态平衡、保护海洋生物多样性、促进海洋资源增殖等方面起着非常重要的作用。然而近几十年以来，由于全球气候变化、海洋酸化和人类不合理活动，珊瑚礁退化现象已在世界范围内呈现出加速的发展趋势。

面对如此严峻的珊瑚礁生态系统退化问题，现存的常规实验方法和个体模型等无法准确模拟和预测复杂动态系统的运行机理，这就迫使我们不得不从系统科学的角度出发，以探索出一种长期的、动态的及战略性的模拟研究，从根本上解决珊瑚礁生态系统面临的珊瑚退化、海域质量下降等实际问题。

多年来，王耕同志带领其团队一直致力于资源环境与可持续发展领域的研究，取得了一系列的开拓性成果，得到了业内人士的高度认可与关注。欣闻王耕同志将以往成果凝练成书出版，倍感欣喜与振奋。该书是作者多年学术思想凝练的结晶，成果中集结着作者夜以继日的心血，承载着作者对该领域的深刻感悟和浓厚情怀。在得到书稿并阅读后，我更加感受到作者对于中国海洋生态保护事业的热忱之心，也更加体会到该书出版的必要性与紧迫性。

我国西沙珊瑚礁生态系统正以前所未有的速度退化，王耕同志以勇于创新的精神和实事求是的态度，从系统科学的角度重构了西沙珊瑚礁生态系统动力学和诊断修复模型，以此为基础模拟了西沙珊瑚礁生态系统的整体演化过程，并描述了西沙珊瑚礁生态系统适应性循环和适应性管理的方法。全书理论联系实际，既丰富了我国珊瑚礁生态系统的研究成果，又为我国海洋生态系统的保护与修复工作提供了指导与参考。我相信随着时间的推移，该书的出版一定能够引起更多学者的共鸣，引导学者从生态系统完整性的角度去思考和探索珊瑚礁生态系统退化机理，这必将大力推进珊瑚礁生态系统人工生态修复的研究，也将为我国海洋生态系统人工生态学的发展提供方法思路。

是为序。

[signature]

2021 年 6 月

序　二

中国改革开放40多年来，要构建全方位对外开放新格局，不能局限于陆缘环境，海缘环境也需要探索。在此背景下，中国提出“一带一路”倡议。“海上丝绸之路”的建设除对经济、政治方面有新的推动外，在中国海洋地缘环境方面也有深刻影响。由于海洋地缘环境系统十分脆弱，海洋生态环境的勘察难度大，关于海洋生态系统环境解析与修复的研究较少。由王耕同志及其团队撰写的《珊瑚礁生态系统动力学模型与仿真模拟》一书，采用了系统动力学的原理，为快速模拟珊瑚礁受损与生态修复过程、多元化探索珊瑚礁生态系统的弹性提供了一种科学可行的方法。书中首次将系统动力学方法应用于自然生态系统，突破了以往系统动力学仅应用于社会经济系统的局限，这为系统动力学理论与方法的实践与应用研究做出创新探索。王耕同志关于珊瑚礁生态系统的研究理念丰富了海洋地缘经济理论的观点，促进了我国海洋地缘经济理论的发展，对合理开发、维护珊瑚礁生态系统的经济价值具有科学的指导意义。王耕同志关于珊瑚礁生态系统的理论是在中国海洋地缘环境解析及其应对策略研究的基础上，融合长期以来的海洋生态系统实践研究汇聚而成的结晶。该理论对于沿海国家共同致力于海洋生态系统保护与修复具有重要推动作用。该书的观点很好地秉承了“一带一路”的理念和基本原则。该书作者在人海关系地域系统的基础上结合地缘环境研究，通过研究西沙珊瑚礁群落的演化过程、修复模式、适应性管理方式，立足脆弱性视角对其进行解析，为保护海洋生态环境、扩展海洋地缘环境研究深度、丰富海洋地缘学研究内容及国家制定海洋战略提供了很好的理论支撑，为海洋地理学的发展做出了贡献。

2021年6月

序 二

[illegible]

前　言

在全球气候变化和人类活动的双重影响下，世界上许多珊瑚礁生态系统出现了前所未有的退化，我国珊瑚礁生态系统也不例外。有资料显示，由于海洋渔业捕捞、长棘海星暴发、海洋酸化和海水升温等诸多因素的影响，截至2018年，我国南海离岸造礁石珊瑚覆盖率在过去10～15年内从60%左右降低到了20%左右。我国珊瑚礁生态系统退化趋势明显，保护和修复迫在眉睫。

面对退化问题，国内外许多学者做了大量修复实验，为珊瑚礁生态系统的保护和修复工作做出了巨大贡献。常规实验对于珊瑚礁生态的保护和修复工作十分重要，但是无法精准模拟出珊瑚礁这一复杂巨系统的内生性变化和胁迫机理，更缺乏对珊瑚礁生态系统演化过程的整体性把握，难以为政策制定者长期、动态的战略性研究提供帮助。

基于此，本书在查阅大量资料和实地考察后，从系统科学的角度重构了西沙珊瑚礁生态系统动力学和诊断修复模型，并在此基础上描述了西沙珊瑚礁生态系统的整体演化过程。

本书共9章：第1章为绪论，主要介绍环境胁迫下的珊瑚礁生态系统和珊瑚礁生态修复；第2章主要介绍本书的理论基础和研究方法；第3章介绍西沙珊瑚礁生态系统的概况，并对西沙珊瑚礁生态系统退化原因进行分析；第4章构建环境胁迫下的西沙珊瑚礁生态系统动力学模型，并基于此模型对几类环境因子进行敏感性分析；第5章基于西沙珊瑚礁生态系统动力学模型进行参数调控，模拟在环境胁迫下西沙珊瑚礁生态系统的整体演化过程；第6章基于西沙珊瑚礁生态系统动力学模型构建西沙珊瑚礁生态系统诊断-修复模型；第7章对西沙珊瑚礁生态系统完整性进行评价；第8章描述西沙珊瑚礁生态系统适应性循环和适应性管理；第9章为结论和讨论部分。

虽然作者尽了最大的努力，但限于作者的能力和目前的研究手段，所得出的模型还不够完善，在此作者表示歉意，同时这也是作者未来进一步努力的方向。

感谢中国科学院战略性先导科技专项（A 类）（XDA13020401）、教育部人文社会科学重点研究基地重大项目（18JJD790005）对本书的资助；感谢辽宁师范大学地理科学学院和国家海洋环境监测中心各位同事和领导给予的大力支持。

限于作者水平，书中不妥之处在所难免，恳请读者批评指正。

王　耕

2021 年 5 月

目　录

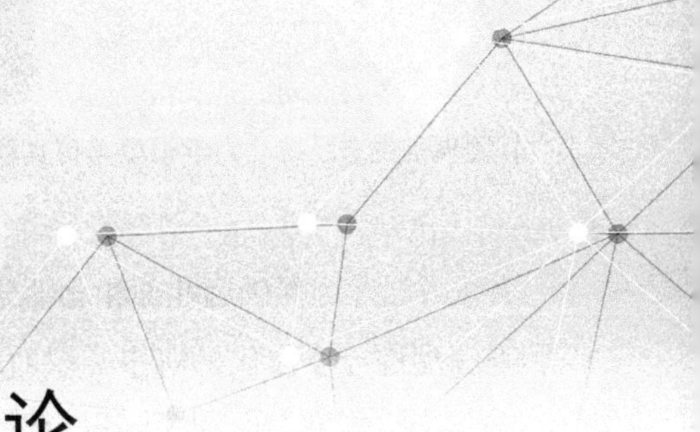

1 绪 论

1.1 研究背景和意义

珊瑚在生物学中的分类属于腔肠动物门、珊瑚虫纲，其中珊瑚虫纲又包括六射珊瑚（触手数目为六或者是六的倍数）和八射珊瑚（触手数目为八或者是八的倍数）两个亚纲。其中八射珊瑚亚纲又被称为软珊瑚，包括匍匐珊瑚目、全腔目、软珊瑚目、共鞘目、柳珊瑚目、海鳃目；六射珊瑚亚纲因质地坚硬、富含碳酸钙，又被称为硬珊瑚，包括海葵目、石珊瑚目、六射珊瑚目、角珊瑚目、角海葵目[1]。六射珊瑚亚纲中的石珊瑚目按照生态功能和栖息环境分为造礁石珊瑚和非造礁石珊瑚两大类，其中造礁石珊瑚具备造礁能力，是海洋生态系统中的重要类群，对于珊瑚礁的形成和维持起着十分重要的作用。

造礁石珊瑚对水温、水质等生存条件要求极为苛刻，适宜水温在 20～29℃，温度过高或过低都会造成与造礁石珊瑚共生的虫黄藻逃逸从而使珊瑚白化死亡。造礁石珊瑚珊瑚虫死亡之后的骨骼覆盖在珊瑚基地之上，长此以往就形成了珊瑚礁。珊瑚礁大致可分为暗礁、堡礁和环礁三大类，是地球上生产力较高、生物种类较丰富的生态系统之一，具有为人类提供食物、药物和海岸保护等功能，存在巨大的生态和经济价值，对区域经济发展具有重大意义，被称为“海洋中的热带雨林”和“热带沙漠中的绿洲”[2]。然而由于海水升温、海洋酸化和过度捕捞等原因，珊瑚礁正承受着人类活动影响和全球气候变化的双重压力，全球性衰退已达 40%～50%，若不采取有效措施，约 60%的珊瑚礁将在 2030 年前灭亡[3]。

2004 年的世界珊瑚礁调查报告中指出全球有超过 20%的珊瑚礁被彻底破坏[4]；2008 年的科学研究表明，全球超过三分之一的珊瑚礁已经严重退化[5]；2015 年开始的全球珊瑚白化事件使联合国教科文组织（United Nations Educational,Scientific and Cultural Organization,UNESCO）《世界遗产名录》中约 72%的遗产礁区遭受了严重或反复的破坏[6]；2016 年世界著名珊瑚礁——大堡礁连续出现珊瑚白化事件，海水升温在大堡礁远北部和北部分别造成超过 26%和 67%的珊瑚死亡；2017 年大堡礁珊瑚进一步白化，海水升温对中部影响更为严重[7]。

我国珊瑚礁面积大约占全球珊瑚礁总面积的 13%，主要集中分布在中国南海的南沙群岛、西沙群岛、东沙群岛，以及台湾岛、海南岛周边，少量不成礁的珊瑚分布在香港、广东、广西的沿岸等[8]。我国珊瑚礁形势亦不容乐观，截至 2010 年，我国广东、广西和海南沿岸的珊瑚礁在过去的 30 年间由于人类活动破坏和污染，造礁石珊瑚数量减少了 80%；而南海的珊瑚岛礁尽管污染较小，但由于渔业过度捕捞、长棘海星暴发、海洋酸化和海水升温等因素的影响，截至 2018 年，我国南海离岸造礁石珊瑚覆盖率在过去 10～15 年内从 60%左右降低至 20%左右。珊瑚礁生态系统退化趋势明显，保护和修复珊瑚礁生态系统迫在眉睫，这对于保持生物多样性、维护区域生态安全和促进经济社会可持续发展具有重要意义[9]。

面对各种环境因子导致的全球珊瑚礁退化危机，各国科学家都在致力于主要环境因子对造礁石珊瑚的胁迫作用研究和如何去除胁迫因素使珊瑚礁生态系统达到良性发展的目的。然而珊瑚礁生态系统由自然和社会相耦合而构成复杂的动态系统，因其变量多、反馈回路多和非线性，常规实验无法精准模拟预测复杂巨系统的内生性变化及其胁迫机理。针对以上要解决的问题，必须采用系统科学理论和珊瑚礁生态系统模型来研究珊瑚礁系统[10-11]。但已有模型大多集中于个体模型或静态分析，缺乏对系统演变过程和机理的整体把握，难以做长期的、动态的及战略性的模拟研究。

基于此，本书以中国西沙监控区为研究对象，综合考虑西沙珊瑚礁生态系统与环境间的多重反馈关系，分析西沙珊瑚礁生态系统的影响因素，将海水温度、海水 pH、陆源沉积和长棘海星暴发四类典型环境因子引入西沙珊瑚礁生态系统，构建了环境胁迫下的西沙珊瑚礁生态系统动力学模型，分析了西沙珊瑚礁生态系统的多情景动态演变过程，并通过诊断修复模拟，分析了代表性的人类活动和生物灾害暴发干扰下的西沙珊瑚礁生态系统的演化轨迹，最后从适应性循环的视角给出了西沙珊瑚礁生态系统的适应性管理模式，以期为西沙珊瑚礁生态系统的保护和修复提供借鉴和参考。系统动力学的应用为快速模拟珊瑚礁受损与生态修复过程、多元化探索珊瑚礁生态系统的弹性提供了一种科学可行的方法；研究结果为实现西沙珊瑚礁生态系统人工干预提供了可控政策选择与参考，也为我国后续的西沙珊瑚礁生态系统退化诊断与人工生态修复理论模式研究奠定了基础。

1.2　环境胁迫国内外研究进展

1.2.1　海水温度对珊瑚礁生态系统影响研究进展

造礁石珊瑚适宜生活在 20～29℃的热带海洋中，温度过高或者过低都会造成珊瑚白化。早在 1914 年，美国海洋生物学家佛根（T. W. Vaughan）就指出珊瑚在一些异常或环境因子改变的情况下会变白，形成白化的现象，但并不清楚是何种环境因子和胁迫机理使珊瑚变白。直到 1930 年，数位英国学者用实验证明了大堡礁珊瑚白化是海水温度过高导致虫黄藻逃逸所致。

海水温度对珊瑚礁生态系统的影响十分复杂。不同种类和不同生长环境的珊瑚对海水温度的敏感性具有较大差异，不同生长环境下的同一种珊瑚对海水温度的敏感性也不同。聂宝符等研究表明，珊瑚生长率与海水表面温度呈显著正相关[12]；时小军等认为造礁石珊瑚生长和凋亡的平均周期与海水平均温度高度相关[13]；李秀保等研究表明，高温削弱了珊瑚共生虫黄藻的光合作用能力，对珊瑚礁生态系统产生重要影响[14]；吴佳庆、Hoegh-Guldber、Warner、Salih、雷新明等均研究了海水温度对珊瑚礁生态系统的影响，指出海水温度的变化是造礁石珊瑚白化的主要因素[15-19]。除此之外，亦有研究表明，南海西沙群岛大规模的厄尔尼诺现象会造成海水大面积升温，对珊瑚礁生态系统亦造成较大影响[20-21]。

珊瑚有冷水珊瑚和暖水珊瑚之分，温度过高或者温度过低都会对珊瑚造成较大影响。与传统的高温胁迫相比较，“冷白化”研究近些年逐渐受到重视。如 Muscatine 等研究表明，在极端低温冷水胁迫下，虫黄藻逃逸致使热带珊瑚白化[22]；赵美霞等综述了冷水珊瑚礁研究进展并对中国南海冷水珊瑚礁研究提出意见和建议[23]；李淑等对造礁石珊瑚对低温的耐受力及相应模式做了较深入的研究和分析，结果显示块状珊瑚的耐低温能力明显高于树枝状珊瑚，块状澄黄滨珊瑚受到低温胁迫时表面形成黏膜，阻止珊瑚继续排出虫黄藻[24]；Roberts 等研究了珊瑚的致死低温度[25]。

1.2.2 海水 pH 对珊瑚礁生态系统影响研究进展

工业革命以来，大气中 CO_2 浓度不断升高，其中有三分之一的 CO_2 进入海洋造成海水 pH 不断降低。政府间气候变化委员会（Intergovernmental Panel on Climate Change,IPCC）第五次评估报告指出：自工业革命以来海水 pH 下降了 0.1，预计再过一百年海水表层 pH 能下降 0.3～0.4[26]。海水 pH 的下降对珊瑚礁生态系统具有很大影响[27]。造礁石珊瑚需要吸收海洋中的 Ca^{2+}和 CO_3^{2-}来形成珊瑚礁的碳酸钙骨骼，而这种造礁能力很大程度上取决于海水中文石饱和度的值。海水 pH 下降使得海水中文石饱和度下降，进而促使珊瑚的钙化速率下降，降低其造礁能力，威胁珊瑚的生存环境[28-30]。

造礁石珊瑚对海洋酸化的响应及珊瑚礁未来的发展趋势，目前已成为国际珊瑚礁研究的前沿和热门[31-33]。如陈雪霏等研究表明，珊瑚礁海水 pH 具有明显的代际-年际变化特征，并揭示了不同海域珊瑚礁海水对海洋酸化的响应不同[34]；郑梅迪等通过模拟 4 种典型浓度路径（representative concentration pathways,RCP）情景表明海洋酸化对全球海洋化学环境和珊瑚礁的生存环境具有重要影响[35]；Comeau 等研究表明，随着大气 CO_2 浓度升高，海洋酸化可加速珊瑚礁生态系统的溶解[36]；Hoegh-Guldberg 等研究了海水 pH 对珊瑚礁生态系统的影响，并指出了在气候变化下珊瑚礁生态系统的生态反馈过程[37]；刘丽等通过研究海水 pH 对澄黄滨珊瑚和斯氏角孔珊瑚的胁迫实验，表明海水 pH 对虫黄藻密度和叶绿素 a 含量具有重要影响[38]。此外也有研究表明，海水 pH 对珊瑚小穗具有重要影响[39]。

当前关于海水 pH 对珊瑚礁生态系统的影响研究虽然取得一定进展，但总体上仍集中于实验阶段，研究内容涉及虫黄藻密度和叶绿素 a 含量等方面，珊瑚礁退化机理较为缺乏，对系统理解珊瑚礁整体退化过程和珊瑚礁后期修复指导性不足。

1.2.3 营养盐对珊瑚礁生态系统影响研究进展

珊瑚礁生态系统具有极高的初级生产力和生物多样性，然而珊瑚礁海水营养盐较缺乏，无机盐浓度较低。一般而言，珊瑚礁海水硝酸盐浓度为 0.1～0.5μmol/L，铵盐浓度 0.2～0.5μmol/L，无机磷浓度小于 0.3μmol/L。N、P 等营养元素的大量输入造成海水富营养化。海水富营养化对珊瑚礁存在显著影响：一方面海水营养盐含量的升高会造成藻类大量繁殖，与珊瑚竞争阳光、空气和生存空间等[40-41]；另一方面海水营养盐含量的升高会造成细菌大量繁殖，大量消耗海水溶解氧，使珊瑚窒息死亡[42-43]。

大量研究表明，海水营养盐含量的高低对珊瑚礁生态系统具有较大影响[44-45]。Radecker 等研究表明，过量的可溶性氮和可溶性磷会造成珊瑚白化[46]；王章义等研究表明，珊瑚增长率与水质呈负相关，而营养盐浓度的升高是造成水质下降的主要原因[47]；李银强等研究表明，海洋酸化会抑制珊瑚藻的生长和钙化，破坏其生理结构，对珊瑚礁生态系统造成严重威胁[48]；此外还有研究表明，高浓度的无机氮、磷酸盐对造礁石珊瑚的钙化作用、组织生长及共生藻的生长具有直接的影响[49]。

但珊瑚礁生态系统对海水营养盐的需求存在一个范围，海水营养盐浓度超出这个范围，珊瑚礁生态系统平衡就会被打破[50-51]。朱葆华等研究表明，海水溶解氧浓度降低造成珊瑚共生虫黄藻逃逸诱使珊瑚白化[52]；黄玲英等研究表明，海水营养盐浓度过高会对珊瑚造成生理压力，降低珊瑚对病毒的抵抗力，也有可能增大病原体的毒力，加速疾病扩散，降低活珊瑚覆盖度和生物多样性，给珊瑚礁生态系统带来很大影响[53]；钱军等通过对大洲岛珊瑚礁的研究表明，珊瑚月平均增长速率与化学需氧量（chemical oxygen demand,COD）、溶解无机磷（dissolved inorganic phosphorus,DIP）和溶解无机氮（dissolved inorganic nitrogen,DIN）存在明显的负相关关系[54]。

1.2.4　陆源沉积对珊瑚礁生态系统影响研究进展

由各种环境因子等造成的海水沉积物增加对珊瑚礁生态系统具有明显影响。一方面海水沉积物的增加会造成透光率下降，珊瑚共生虫黄藻光合作用减弱，珊瑚会缺乏能量而死亡[55]；另一方面由于沉积物阻塞珊瑚呼吸通道，珊瑚窒息而死。另外，还有许多造成水体浑浊的因素是人类活动引起的，尤其是对于近岸珊瑚礁，陆源输入的悬浮颗粒物和细菌等，都会造成水体浑浊度的升高，从而使虫黄藻光合作用的能力受到影响[56-57]。

目前关于陆源沉积对珊瑚礁生态系统的影响已经成为研究热点，围绕海水沉积物的来源、沉积物对珊瑚共生虫黄藻的作用等方面已经取得了一定的研究成果[58]。Costa 等通过对巴西珊瑚礁海区的调查研究表明，强降雨条件下地表径流使海水浑浊度增加是造成珊瑚共生虫黄藻密度降低的主要因素[59]；Lambo 等通过对肯尼亚海域珊瑚礁的调查研究表明，距离河流站点越近则珊瑚死亡率越高且恢复率越低，这种现象被认为是与距离河流越近，悬浮颗粒物和泥沙造成的水体浑浊度越高引起的[60]；邢帅等通过研究不同梯度下的水体浑浊度对珊瑚共生虫黄藻的影响，表明水体浑浊度对珊瑚共生虫黄藻的密度和光合效率具有明显影响且抑制作用随浑浊度的增大而增强[61]。

目前国内外对于珊瑚礁生态系统在环境胁迫下的响应机制研究虽然取得一定成果，但仍停留在实验探索阶段。在珊瑚礁生态系统胁迫实验中，技术手段从定性研究走向实验定量分析[62]，研究内容从直接观测珊瑚形态变化走向定量分析珊瑚共生虫黄藻密度和叶绿素 a 含量等[63-64]。总体而言，多数学者围绕生态系统基本理论、实验方法和胁迫机理等方面做了大量工作，对珊瑚礁的退化研究也有了较大进展，但仍局限于退化趋势性研究[65-69]，较少从生态系统完整性的角度分析珊瑚礁生态系统的整体退化过程，珊瑚礁退化机理研究匮乏，对珊瑚礁生态系统退化演变诊断和修复的指导性不足。

1.3 诊断修复国内外研究进展

1.3.1 海洋生态修复研究

自 20 世纪 50～60 年代，随着社会经济的快速发展，欧洲、北美、中国等国家和地区的环境问题日益严峻，逐渐引起人们的重视，这些国家和地区开展了一系列环境保护和治理工作，并取得了一定的成效[70-77]。国外的生态修复大约开始于 20 世纪 70 年代，研究内容主要包括森林、草原、湖泊、河流和废弃矿地等多种生态系统[78-82]。与陆域生态系统修复相比，海洋生态系统修复的研究起步较晚。近年来，全球气候变化与人类活动加剧导致海洋生态环境问题日益突出，海洋生态系统的结构和功能退化趋势严重。因此，海洋生态系统的恢复与重建受到国内外学者的广泛关注，并已开展了大量的海洋生态修复工作与实践[83]。

目前，海洋生态修复的研究尺度由特定物种或单一生态系统的生态修复向系统尺度、区域尺度和全球尺度的生态修复转变。例如，美国加利福尼亚州南湾、佛罗里达州湿地、路易斯安那州滨海湿地等修复项目针对不同的生态系统类型，从资源评估、修复目标、修复设计、项目实施、修复后监测及效益评估等方面对整个修复过程进行综合研究。海洋生态修复的研究内容由过去的生态修复技术与工程为主向生态系统整体化修复研究转变，同时注重相关学科知识，改善与拓展修复理念，以提高海洋生态系统恢复的成功率。Turek 探讨了海洋渔业生境恢复的科学与技术需求，总结了影响海洋修复成本效益、时效性和成功率的技术性问题[84]；Sumaila 提出使用代际成本效益分析目前的修复工作，即在海洋资源使用和管理的决策中考虑到对后代的好处[85]；Lipcius 等研究了空间过程对不同种群类型物种补充效果的影响，表明集合种群连通性对海洋物种补充和恢复的重要性[86]；Abelson 等提出生态-社会概念，认为海洋生态恢复应改善生态系统服务的目标，它应该包含社会生态要素，而不是仅仅关注生态参数[87]；Montero-Serra 等强调了生命史作为海洋恢复结果驱动因素的重要作用，并展示了种群统计知识和建模工具如何帮助管理者预测恢复种群的动态和时间尺度[88]。

相对于国外，我国关于海洋生态修复的研究起步较晚。自 2010 年以来，国家通过海域使用金支持地方开展海域、海岛和海岸带整治修复工作，我国海洋生态修复工作逐渐开始起步[89]。近年来，随着相关工作的深化，我国逐渐推进了“蓝色海湾”“南红北柳”“生态岛礁”等重大生态修复工程的整治行动规划，并以此作为我国未来海洋生态环境保护和资源持续利用领域的重点工作。目前，国内学者围绕海洋生态保护和修复开展了大量研究，主要体现在红树林[90]、滨海湿地[91]、富营养化海湾[92]及海岸沙滩[93]等修复工程。但与国际相比，我国关于海洋生态修复的研究还比较薄弱，主要表现在以下几个方面：①从修复尺度来看，大多集中在小尺度、局域范围内的特定物种或种群的修复，缺少大尺度、系统水平的海洋生态修复研究与实践活动；②从修复对象上看，大多集中在污染水体、河口岸、红树林的修复等，而对其他类型的海洋生态系统修复研究仍比较少；③从修复内容上看，大多集中在生态修复技术措施研究层面，对于修复的其他环节，如生态系统退化机制、系统诊断及标准、动态模拟和预测、修复效果评估及管理等研究较少。

1.3.2 珊瑚礁生态修复研究

目前，国内外珊瑚礁生态修复的理论研究与实践方面都已取得一定成果，但整体仍处在探索阶段。澳大利亚、美国、日本和新加坡等国的珊瑚礁生态修复研究开展较早，主要涉及生境修复、生物资源养护、生态评估和监测管理等多个方面。

Ammar 等应用分子生物学工具选择无性繁殖珊瑚幼体恢复的场所，着重于恢复珊瑚礁群落的生物组成部分[94]；Rinkevich 通过回顾 1994～2004 年中的珊瑚礁修复方法和进展，表明主动的保护措施和适当的人为干扰可加速珊瑚礁的生态恢复过程[95]；Bongiorni 等以珊瑚原地集约化养殖作为珊瑚礁主动修复策略，研究结果支持了未来海岸综合管理方案中原位珊瑚海水养殖的想法[96]；Ramos-Scharrón 等分析了波多黎各流域和土地覆盖变化对珊瑚礁生态系统的潜在影响，并推断珊瑚礁恢复活动必须同时解决许多压力源[97]；Yee 等使用驱动力-压力-状态-影响-响应（driving-force-pressure-state-impact-response）模型作为决策生成工具，使海洋生态系统管理者能够利用科学信息进行更加可持续的决策，以支持沿海地区的河口和海洋的管理[98]；Ng 等在新加坡海域通过建立人工鱼礁和悬浮式珊瑚苗圃，防止沉积物堆积导致珊瑚窒息，从而降低珊瑚幼苗的死亡率[99]；Stuart-Smith 等评估了大堡礁白化事件前后的生态数据，表明珊瑚礁恢复过程和最终影响规模受群落功能变化的影响，而群落功能变化又取决于当地珊瑚礁相关生物种群的喜热性[100]。

此外，相关研究还提出一些新方法，例如，Costantini 等描述了种群遗传学研究为海洋生物的科学管理和多样性保护提供了宝贵的信息[101]；Tom 等研究表明掌握珊瑚补充和附着动力学对于珊瑚礁恢复潜力的重要性[102]；Hesley 等描述了使用公民科学家计划来拯救退化珊瑚礁，他们通过海量收集数据以推进退化珊瑚礁资源的恢复工作[103]；Hagedorn 等利用冷冻精子生产珊瑚后代作为珊瑚礁恢复的手段，实验结果描述了由冷冻精子产生的珊瑚幼虫的首次沉降过程[104]；Darling 等表示通过培育“超级珊瑚”和建立珊瑚“避难所”提升珊瑚的内外抵抗力及恢复能力，以抵御未来更为复杂的气候变化影响[105]。

相比国外，我国的珊瑚礁保护和修复研究起步较晚，但仍在该领域做了大量研究工作。在国家法规政策方面，我国对珊瑚礁的保护首要体现在珊瑚礁自然保护区的建立，主要执行“养护为主、适度开发、持续发展”的方针；2000 年 4 月实施的修订后的《海洋环境保护法》增加了新的一章“海洋生态保护”，进一步强调了珊瑚礁保护及破坏后的整治和恢复，处理好资源开发与生态保护关系，尽量采用生态开发和深度开发的形式[106]；2016 年印发的《全国生态岛礁工程“十三五”规划》中，明确指出要开展珊瑚礁、红树林、海草（藻）床等典型生态系统的修复和科学研究，研究珊瑚礁退化机理，研发珊瑚礁恢复技术并示范应用，加强典型海洋生态系统的生境修复与生物资源恢复；2017 年海南省人大常委会颁布了《海南省珊瑚礁和砗磲保护规定》，根据“全面保护、严格管理”的原则，将保护对象由原来单一的珊瑚礁扩大为整个生态系统、珊瑚礁功能性生物砗磲、其他珊瑚物种等，加大了对珊瑚礁生态系统的保护力度。

珊瑚礁修复的理论研究方面，赵美霞等研究了珊瑚礁生物多样性及其生态功能，指出珊瑚礁生物多样性研究的发展趋势和珊瑚礁保护的重要性[107]；王道儒等通过对珊瑚幼虫扩散路径的研究，揭示了我国珊瑚源的问题，提出了保护幼虫来源和扩散走廊的新珊瑚礁保护区管理理念[108]；覃祯俊等从理论上研究了珊瑚礁生态修复的可行性，探讨了珊瑚礁修复的技术手段[109]；赵焕庭等介绍了珊瑚礁可持续发展的概念和模式，提出了南海诸岛珊瑚礁的可持续发展途径[110]；唐阳等通过对现有珊瑚礁修复理论研究和固化效果的验证，提出了利用微生物诱导碳酸钙沉淀（microbially induced calcite precipitation,MICP）技术对珊瑚礁进行生态修复[111]；张君珏等从地理空间信息的角度，梳理了南海珊瑚礁地貌遥感监测与珊瑚白化等相关研究进展，依据其发展趋势探讨了南海未来资源环境研究工作的重点[112]。

珊瑚礁修复的实践研究方面，陈刚等在三亚海域进行了造礁石珊瑚的移植实验，这是我国最早的珊瑚礁恢复性研究，说明了珊瑚移植可以成为珊瑚礁生态系统修复重建的有效手段[113]；于登攀等通过三亚鹿回头海域的珊瑚移植，分析了移植后珊瑚群体的死亡原因，为改进造礁石珊瑚的移植技术提供了依据[114]；高永利等对大亚湾的造礁石珊瑚成功地进行了移植，为高纬度地带的珊瑚移植提供了参考案例[115]；李元超等在西沙赵述岛海域投放人工礁基并进行珊瑚移植实验，通过对比人工修复区和自然恢复区的恢复效果，认为健康的珊瑚礁具有弹性，在无外来胁迫的情况下能够自行恢复[116]；黄晖等多次在三亚、西沙和南沙开展珊瑚移植与修复实验和示范，累计在南海成功种植约十万平方米珊瑚，2016 年底播珊瑚断枝成活率约为 75%[117]；王欣等在涠洲岛架设园艺式珊瑚苗圃，为珊瑚的人工恢复提供了相关种源保障和技术支持[118]。

目前，关于珊瑚礁生态修复的相关研究依然在不断探索中，通过归纳国内外以往的研究成果，对珊瑚礁生态修复的研究现状得出如下结论：珊瑚礁生态修复中，在技术手段上，从简单移植走向培育、杂交等复合手段；在场地选择上，从实验室走向珊瑚自然生长礁区；在修复策略上，从被动受损修复走向主动适应环境；在修复方向上，从现状评估走向机理研究、模拟预测等。总体来说，珊瑚礁生态修复理论和实践研究逐渐从过去注重静态、单一尺度和结构化向未来动态、系统尺度和功能化等修复方向发展。

然而，全球珊瑚礁生态系统的衰退及恢复需要很长时间，所以珊瑚礁修复程度能达到其结构和功能都有效恢复并真正推广的案例极少。且已有的珊瑚礁生态修复研究中多以短期的单学科定性和半定量研究为主，缺少系统的、连续的、动态的定量研究，因而不能很好地揭示珊瑚礁演化的本质规律，从而影响珊瑚礁的恢复程度和速度判定。并且，考虑到现实环境变化的多样性、修复技术的选择及修复过程中的不确定性因素，都会对最终的恢复效果和管理措施的选择造成影响。因此，需要在充分了解珊瑚礁生态系统演化特征基础上，发展新的生态修复动力学模型。

1.4 研究内容和技术路线

1.4.1 研究内容

首先，本书在系统科学理论、生态弹性理论、生态系统完整性理论和人工生态学理论基础上，以西沙生态监控区为例，采用系统动力学原理，剖析了西沙珊瑚礁生态系统演变过程的环境影响因素。其次，引入海水温度、海水 pH、陆源沉积和长棘海星暴发四种环境因子，构建了西沙珊瑚礁生态系统动力学模型并分别设计不同扰动程度，以揭示西沙珊瑚礁生态系统的多情景动态演变过程。再次，结合敏感性分析和多情景模拟结果，在环境胁迫下的西沙珊瑚礁生态系统动力学模型之上，通过参数调控，设置应对环境胁迫下的西沙珊瑚礁人工生态系统动态仿真模拟，旨在以系统科学角度重构西沙珊瑚礁生态系统的整体演化过程。然后，基于西沙珊瑚礁生态系统的自然状态、受损状态和修复状态的研究路径深入探讨西沙珊瑚礁群落的演化方式及修复模式。最后，基于适应性循环的角度提出西沙珊瑚礁生态系统适应性管理方式，以期为西沙珊瑚礁生态系统人工生态修复的理论研究和实践提供借鉴与参考。主要研究内容如下。

（1）西沙珊瑚礁人工生态系统动力学模型构建。

基于系统科学理论、生态弹性理论、生态系统完整性理论和人工生态学理论等，将西沙珊瑚礁生态系统划分为珊瑚类子系统、大型藻类子系统、其他生物子系统（包括草食性鱼类功能群、敌害类生物功能群和调控类生物功能群）和环境子系统，构建以造礁石珊瑚为核心的西沙珊瑚礁人工生态系统动力学模型。其中，通过建立因果回路图和流图反映西沙珊瑚礁生态系统内部的逻辑关系和动态反馈作用机制，并对模型中的调控变量（海水温度、海水 pH、陆源沉积和长棘海星暴发）进行敏感性测试以分析其关键影响程度和变化发展轨迹。

（2）环境胁迫下西沙珊瑚礁人工生态系统多情景模拟和动态仿真。

根据研究区概况和校验模型，本书选取海水温度、海水 pH、陆源沉积和长棘海星暴发四种环境因子，设置基础模拟、单因子扰动、双因子扰动和多因子扰动四类典型干扰情景，构造干扰“情景库”，为分析西沙珊瑚礁生态系统不同状态的演化机制提供支持。

（3）西沙珊瑚礁人工生态系统应对环境胁迫的动态仿真模拟。

结合敏感性分析和多情景模拟结果，在环境胁迫下的珊瑚礁人工生态系统动力学模型之上，通过参数调控，分别设置调控方案，形成“正向胁迫，反向应对”，进行应对环境胁迫的西沙珊瑚礁人工生态系统动态仿真模拟，并对在环境胁迫下的西沙珊瑚礁人工生态系统提出意见和建议。

（4）西沙珊瑚礁人工生态系统动态仿真模拟。

基于复杂系统理论、生态弹性理论、适应性管理理论等，构建以造礁石珊瑚为核心的西沙珊瑚礁生态系统动力学模型。其中，通过建立因果回路图和流图反映了西沙珊瑚礁生态系统内部的逻辑关系和动态反馈作用机制，并对模型中的调控变量（即捕捞活动、陆源沉积、排放无机氮总量、成熟大藻随机暴发和长棘海星暴发）进行了敏感性测试以分析其关键影响程度和变化发展轨迹。

（5）西沙珊瑚礁人工生态系统多情景受损与诊断模拟。

根据研究区概况和校验模型，设置人类活动和生物灾害暴发两类调控情景，对模型中相关调控变量进行多情景叠加扰动分析。结合敏感性分析和多情景模拟结果，从适应性修复的角度，构建西沙珊瑚礁生态系统的完整性评价指标体系与评价方法，并依据原模型构建一个能够主动识别生态系统受损状态，自主选择对应修复策略的西沙珊瑚礁动态诊断及修复模型。

（6）西沙珊瑚礁修复模式与适应性管理。

根据以往研究与珊瑚礁修复技术，模型经反复诊断与修复模拟优化后，总结西沙珊瑚礁生态系统低、中、高三类修复策略和应急修复预案，并对西沙珊瑚礁典型情景进行了模拟分析。在此基础上，结合西沙珊瑚礁修复-恢复模拟结果，从生态系统适应性循环角度，探讨未来我国南海西沙珊瑚礁生态系统的适应性修复和管理模式。

1.4.2 技术路线

本书主要通过构建环境胁迫下的西沙珊瑚礁生态系统动力学模型和诊断修复西沙珊瑚礁生态系统动力学模型，分别探讨了西沙珊瑚礁生态系统的演化轨迹和适应性修复模式，为西沙珊瑚礁生态系统的保护和修复提供借鉴和参考。

本书技术路线分为环境胁迫（图 1.1）和诊断修复（图 1.2）两部分。

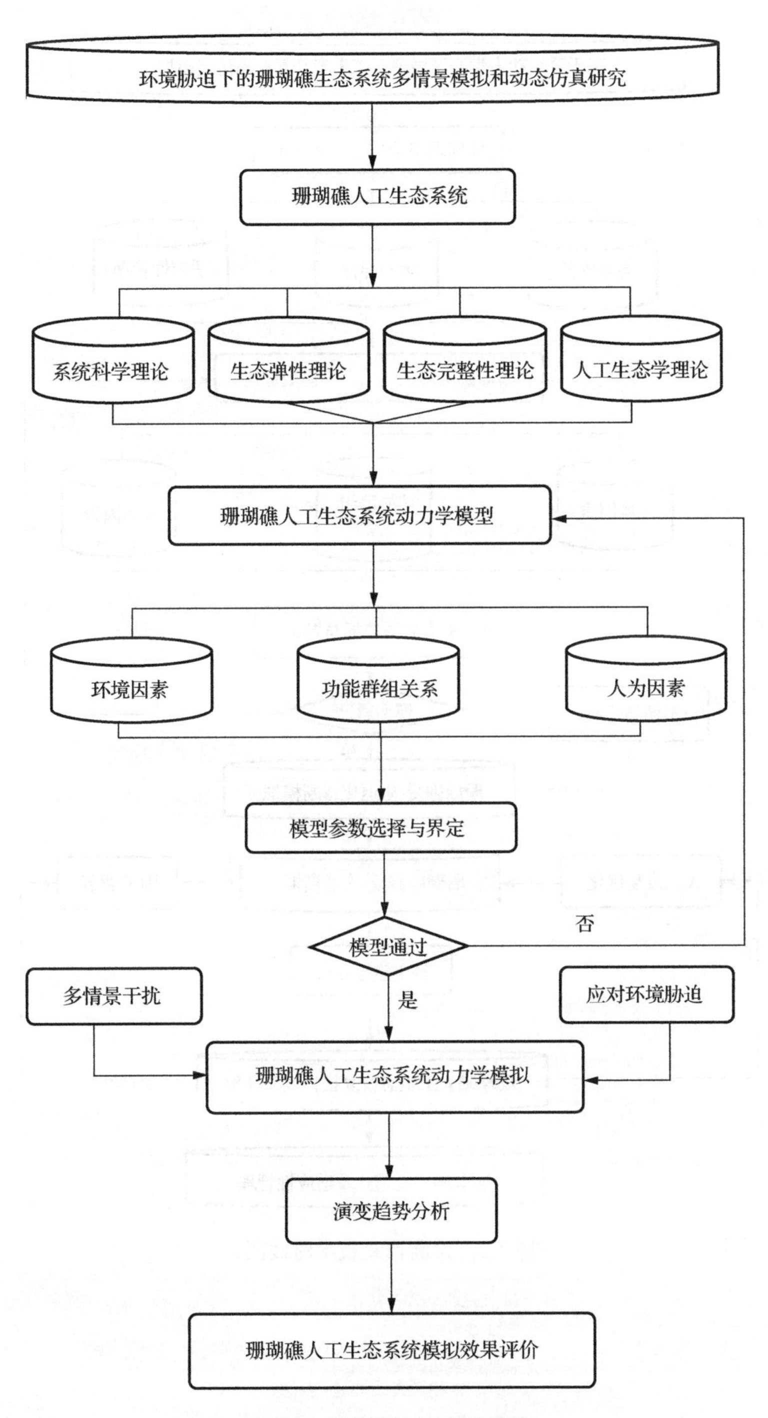

图 1.1　环境胁迫技术路线图

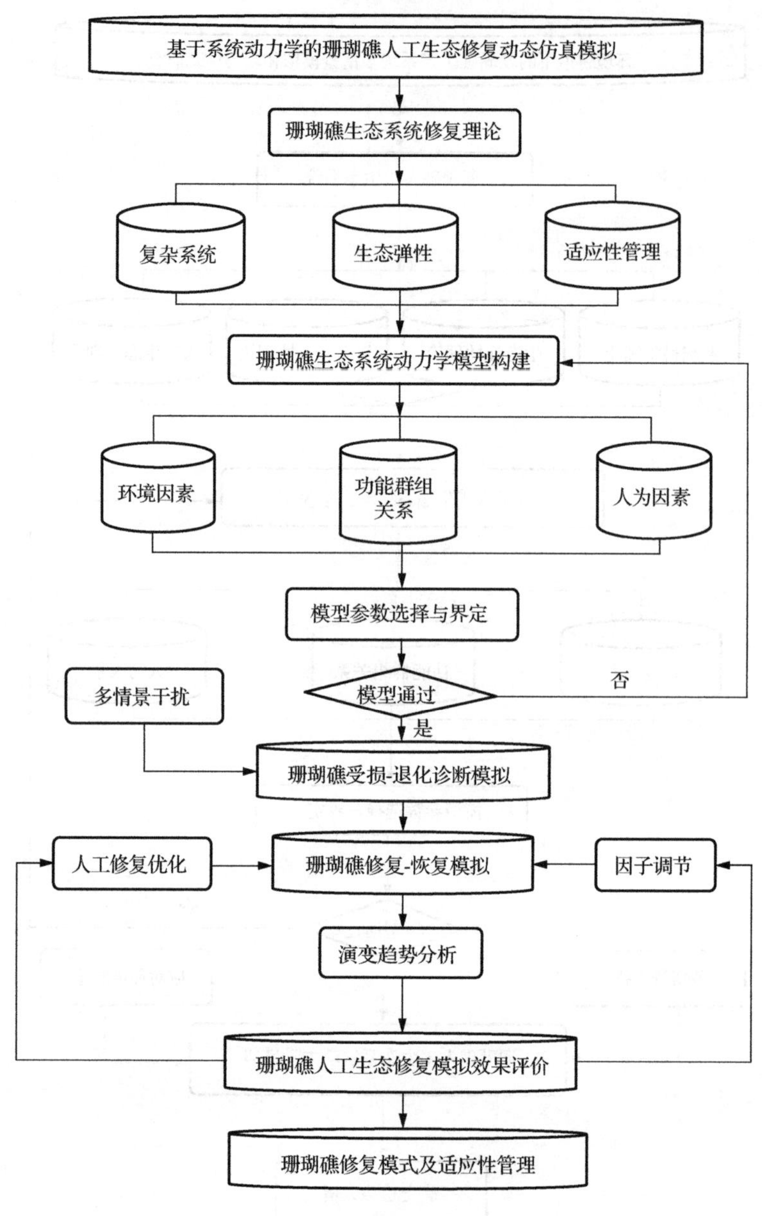

图 1.2　诊断修复技术路线图

2 理论基础和研究方法

2.1 理论基础

2.1.1 系统科学理论

20 世纪以来，人类面临的生产生活中相当多的问题不是简单线性的，而是复杂的、多样的，并且还处于不断动态演变当中。传统科学已经无法解决这类问题，在这样的形势下，逐渐形成了系统科学理论。

系统科学是研究系统的结构和功能关系、演化和调控规律的科学，是一门新兴的综合性、交叉性学科，以不同领域的复杂系统为研究对象，从系统和整体的角度探讨复杂系统的性质和演化规律，为科学技术、经济、社会和生物等应用提供理论依据。系统科学有狭义和广义之分。狭义的系统科学一般是指贝塔朗菲在《一般系统论：基础、发展和应用》中所阐述的一般系统论；而广义的系统科学是包括系统论、控制论、信息论、耗散结构、协同学、进化论等在内的综合性科学。

由于研究领域不同，科学家至今对复杂系统的概念、方法等仍存在争议。目前，复杂性科学的研究主要有钱学森的“开放复杂巨系统”理论，美国圣塔菲研究所的“复杂适应系统”（complex adaptive system,CAS）理论，普利高津、哈肯等开创的远离平衡态的开放系统的耗散结构理论，以及结构学派、混沌学派、系统动力学学派的理论等。下面简单介绍几种理论。

（1）钱学森“开放复杂巨系统”理论。

我国著名科学家钱学森先生提出了关于系统科学的内容和结构最完整的框架。钱学森将系统科学与自然科学和人文社会科学置于同等重要的地位，并将系统科学的学科体系结构分为四个层次：第一层次属于直接改造自然界的技术工程层次，包括通信技术、自动化技术等手段；第二层次属于技术科学层次，包括系统论、控制论和信息论等内容；第三层次属于系统学，包括系统科学的基本理论；第四层次属于系统观，涵盖系统科学的世界观和方法论。

（2）圣塔菲研究所“复杂适应系统”理论。

复杂适应系统理论的核心就是“适应性造就复杂性”。所谓适应性是指复杂系统的成员能够与环境及其他主体相互作用，主体在这种不断相互作用中“积累经验”，并且根据学习到的经验改变自身结构和行为方式。这种适应性造就了复杂性，也就是说整个复杂系统的演化和发展是以此为基础派生出来的，包括新层次的产生、分叉和多样性发展等。

复杂适应系统理论具有以下特点：一是复杂系统中的成员（也被称为“主体”）必须是活的、独立的且具有能动作用；二是主体与环境相互影响、相互制约、相互作用，这是从适应性到复杂性演化的主要动力；三是复杂适应系统理论将外在的复杂性与内在的适应性联系在一起，是宏观和微观世界的纽带；四是允许随机变量的存在，即引入突变使其具有更强的表述能力。

（3）耗散结构理论。

耗散结构理论是相对于平衡结构的概念提出来的，耗散结构理论认为，一个远离平衡的开放系统，在外界条件变化达到某一特定阈值时，量变可能引起质变，系统不断与外界交换物质和能量，就可能由原来的无序状态转变成一种时间、空间或者功能的有序状态。耗散结构理论回答了开放系统如何从无序到有序的问题。

耗散结构的形成与发展必须具备三个基本条件：一是系统必须是开放的，任何孤立的或者封闭的系统都不可能具有耗散结构；二是开放系统必须处于远离平衡态的非线性区，除此之外任意位置都不可能产生从无序到有序、从有序到更高级的有序的系统演化；三是开放系统必须具备正负反馈等非线性过程，这样才能使开放系统各个要素之间产生协同和相干效应，才能使开放系统从无序到有序[119]。

尽管各个学派对于复杂性和系统科学的基本概念、研究方法等方面存在差异，但是关于系统科学的基本原理，如整体性和层次性、开放性和非线性、动态性和适应性、自组织原理和突变论等都大体相同。下面简要介绍下几大基本原理。

（1）整体性原理。

整体性原理是系统科学理论中最重要的原理，某种情况下甚至可将系统科学几乎所有原理都看作是整体性原理。整体性指的是任一元素的变化导致所有其他要素及整个系统的变化。与此同时，任一元素的变化都依赖于所有其他要素，系统因而表现为一个整体。但是系统的整体性特征并不是局部的简单排列组合，也不能根据系统的整体性特征判断系统部分的特性，正如亚里士多德在《形而上学》一书中所指出的“整体不等于部分之和”[120-121]。

围绕系统的整体性原理衍生出了许多系统思想，如系统的层次性、突现、进化等。这些系统科学的思想不仅丰富了系统科学的研究内容，也为后续系统科学的发展奠定基础。

（2）开放性原理。

系统的开放性原理是指系统与外界进行物质、能量和信息等交换，是系统稳定存在的条件，也是系统得以向复杂性和自组织演化发展的前提条件[122]。贝塔朗菲将系统划分为封闭系统和开放系统。封闭系统最后会演化成为衰败和无序的状态；开放系统由于与外界存在物质、能量和信息等的交换，可以在一定时间内演化到稳定和有序的状态。

在开放系统演化到稳定和有序状态的过程中，会不可避免地受到外界的干扰，但是都会殊途同归达到同样的状态，即所谓的“异因同果”。在这样的特性下，人为干扰成为可能，这也为人工生态学的发展提供了理论基础。

（3）反馈调节原理。

系统反馈调节原理指的是系统具有反馈调节的性质，从而能够在外界环境的干扰下，保持和恢复原来有序和有组织的状态[123]。系统的反馈调节以信息反馈为基础。系统反馈调节原理是系统稳定存在的重要原理。系统反馈要达到目的，必须传递信息。由于信息控制的存在，才能使系统从无序到有序、从低级到高级的顺序发展。

一切有目的的行为均可看作是需要反馈的行为，系统若要稳定存在，需要反馈调节而形成的适应性和自组织行为。当系统受到的干扰超过其承受能力时，系统即会通过阶跃机制来抵制这种干扰。阶跃机制指系统跨越原有阶段达到新的更高级状态，即所谓的“量变引起质变”、生物学的“试错”行为等[124]。

2.1.2 生态弹性理论

弹性最早表示弹簧的特性，指物体在一定外力作用下弹性形变后，恢复至原来状态的一种性质。1973 年美国生态学家 Holling 首次将弹性的概念引入生态学中，并定义为生态系统在受到周期性扰动或冲击后不发生功能性的相变，而是恢复到初始稳定态的能力。此后，生态弹性的概念不断丰富和发展，涉及社会、生态系统等各个领域[125]。例如，Pimm 将其描述为恢复力，表示生态系统受到破坏后的恢复速率[126]；Walker 等认为生态系统弹性是生态系统在一定时间内保持原有结构、特性不变的抗干扰能力[127]。

近年来，珊瑚礁生态系统的弹性研究在其领域受到了越来越多的关注[128-129]，特别是在加勒比和大堡礁珊瑚礁受到干扰后，所表现出的不同响应与恢复能力，令生态学家和管理者高度重视[130]，相对于加勒比珊瑚礁，大堡礁的生态保护和管理措施更为完善，生物多样性更高，因而其受干扰的弹性能力也更强。随着生态弹性研究的进一步发展，研究人员将环境胁迫、生态群落结构等整合成为完整的评价指标体系运用到珊瑚礁生态系统弹性的评估中。McClanahan 等提出了基于 11 个被珊瑚礁生态学者所认可的关键指标，在此基础上进行珊瑚礁生态系统弹性评估[131]；Anders 等利用该理论并借助遥感技术，评估了斐济一处海洋保护区珊瑚礁生态系统的弹性[132]；Maynard 等基于这类指标体系评价了塞班岛周边 35 处珊瑚礁的弹性[133]；Ford 等则分别使用常规和基于弹性的指标评估珊瑚礁管理的有效性，强调了弹性指标纳入珊瑚礁评估中将加强预测珊瑚礁未来变化的合理性[134]。

生态弹性理论的核心在于准确认识世界是由具有适应能力的复杂系统组成，并且这些系统是相互联系的。阈值和适应性循环是生态弹性理论的基石之一。阈值控制着各变量的水平，阈值无处不在，但是人们只有跨越阈值并且系统的行为方式已发生明显变化后才意识到它的存在。

系统的球-盆体模型可以很好地解释阈值的问题[135]。假设系统是由 n 维空间的盆体组成，那么球则代表了系统现有所有变量的特别联合体，球的位置是系统目前所处的状态（图 2.1）。

在同一盆体中，系统具有相同的结构、功能和行为方式，球趋向于盆底运动（系统趋向于某种平衡状态）。随着外界条件不断变化，盆体的形状也在不断变化。若球的运动超过盆体边缘这一界限，推动系统运行的反馈机制就会发生变化，系统则会出现不同的平衡状态，即系统进入另一盆体（图 2.2）。进入新盆体的系统具有不同于原系统的结构和功能，这就意味着系统已经跨越某一阈值进入了新的引力域（新的态势）。如果外界条件使盆体变小，即削弱系统的弹性，那么球将更容易跨越阈值达到盆体边缘，然后进入新的盆体当中。

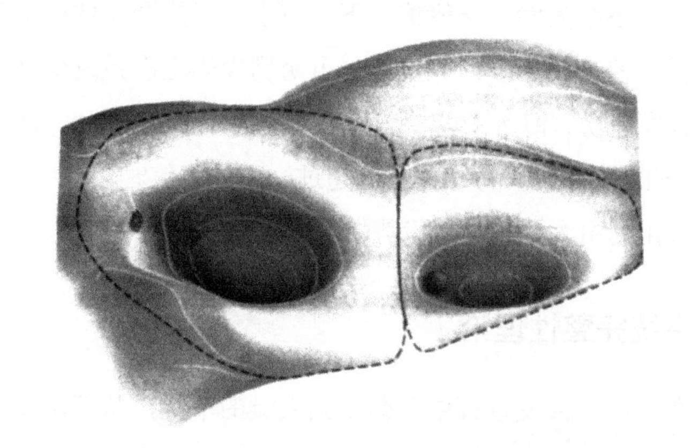

图 2.1　系统“球-盆”模型[135]

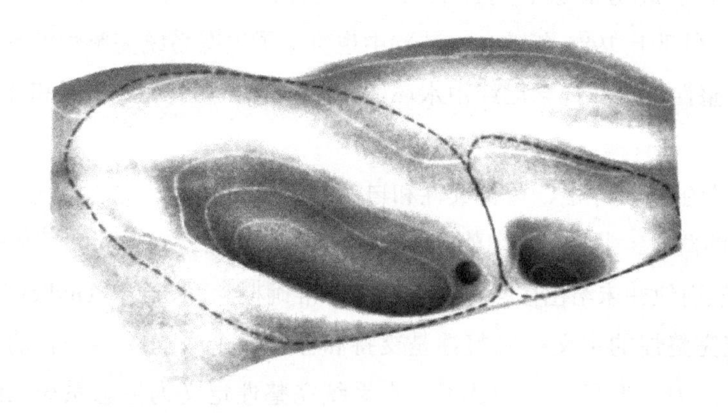

图 2.2　盆体形状改变[135]

此外，生态弹性理论中，“球-盆”模型常被用于描述生态系统的弹性能力和稳态转换机制，其中“盆”表示为生态系统引力域，“球”表示为生态系统状态，球在盆中的任意位置代表生态系统结构的变异性程度（图 2.3）。

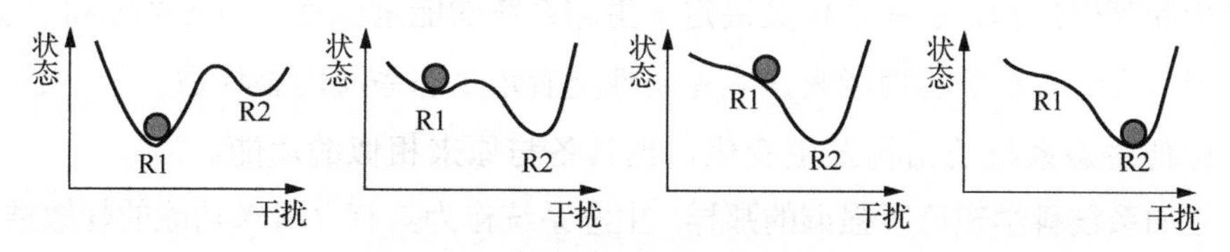

图 2.3　珊瑚礁生态系统的“球-盆”模型态势转换示意图[135]

以珊瑚礁生态系统为例，一般情况下，较小的干扰会让球被迫离开盆底移动到盆内某一位置，但最终球会回到盆底，表明珊瑚礁生态系统受外界干扰后的回弹能力。随着过度捕捞、海水的富营养化等对生态系统的扰动，R1 将逐渐失去弹性（引力域扁平化）。当干扰力度达到或超过一定的阈值时，R1 弹性丧失，系统状态将很容易转化到由大型藻类占优势的海藻盆引力域。

2.1.3 生态系统完整性理论

生态系统在发展和演变过程中不断受到人类的干扰，从而出现了不同的演变方向和发展趋势，对生态系统进行完整性评价有利于环境管理和可持续发展。生态系统完整性评价最初来源于美国 1972 年用以保护和修复水资源的“清洁水行动”，后澳大利亚于 1985 年的《水法》中也贯穿了生态系统完整性的理念。目前生态系统完整性评价和理念已经由水环境转向其他生态系统，内涵和外延均在不断发生变化。

由于涉及生物多样性、可持续性和自然性等多个概念，生态系统完整性很难有一个公认的概念。生态系统完整性概念最早可以追溯到由 Leopold[136]提出的土地道德定义，然而他并未给出生态系统完整性的准确概念，Karr 和 Dudley[137]明确给出生态系统完整性的定义：完整性是支持和保持一个平衡的、综合的、适宜的生物系统的能力。但目前较为认可生态系统完整性定义为生态系统的结构、功能及过程的完整性，是生态系统维持各生态因子相互关系并达到最佳状态的自然特性，强调系统整体在演化过程中维持其健康和不断进化的能力[138-140]。

一个健康、可持续的生态系统应该是多种要素相互联系、相互作用所形成的自然综合体。在生态系统中，各个组分有机结合构成了生态系统的时间结构、空间结构和营养结构，这些结构又决定了生态系统的能量流动、物质循环和信息传递功能。从生态系统的功能来探究完整性更看重生态系统的整体性，在一定条件下，即便生态系统的结构发生变化，也具备与原来相似的功能。

正如系统科学理论所强调的那样，生态系统作为具有自组织功能的耗散结构，通过不断地与外界条件进行物质和能量的交换，从而达到发展阶段。在外界环境压力变化过程中，生态系统具有几大演化轨迹：一是保持当前生态系统的运行状态；二是退化至原来生态系统的运行状态，生态系统完整性有所降低；三是生态系统孕育新的结构或者增大之前的耗散结构；四是生态系统孕育出全新的结构，生态系统完整性发生巨大变化；五是生态系统崩溃，生态系统完整性丧失，生态系统的结构和功能遭受巨大破坏。

耗散结构理论表明，来自人类活动的压力源，以及反映自组织能力的生物、物理和化学完整性及生态系统功能，都可以很好地表明生态系统的完整性。对于珊瑚礁生态系统，在全球变化和人类活动双重影响下，经常会发生某个以造礁石珊瑚为主导的珊瑚礁群落态势转换（与生态弹性理论结合），转变成以大型藻类为主导的珊瑚礁群落，在这一转变过程中便伴随着生态系统完整性的变化。

2.1.4 人工生态学理论

在自然（生态环境）-人类（人类活动、工程技术）-社会（经济社会系统）复杂生态系统中，人类的生态活动及其成果应当看成一个新的生态系统——人工生态系统。显然人工生态系统是在人类活动干预下形成的，其内部稳定性不同于自然生态系统，具有明显的社会性、综合性和易变性等特点，而研究这种新型人工生态系统的学科即人工生态系统生态学，简称为“人工生态学”。

当前人工生态系统生态学是生态学理论与实践的前沿领域（包括其实践领域——广义生态工程学），其学科体系尚在建立之中。人工生态系统生态学的逻辑起点是人工生态系统的自然和社会的二元属性，核心理念是有人类活动的生态学和人类生态活动的工程观，最终目标是实现人类生态活动和社会经济活动协调可持续发展。

珊瑚礁生态系统作为自然与人文相耦合的复杂巨系统，其保护、管理与修复涉及自然生态构建、工程技术开发和社会经济管理等多个方面，这种集自然生态系统、人类社会环境和工程技术管理为一体的生态系统严格来说属于人工生态系统（图 2.4）。珊瑚礁生态系统若要得以保护和发展，必须借助人工生态系统生态学原理，将生态环境、工程技术和社会经济巧妙结合起来，形成新的系统观来保护、修复和管理珊瑚礁生态系统，使珊瑚礁生态系统能自我修复和可持续发展。

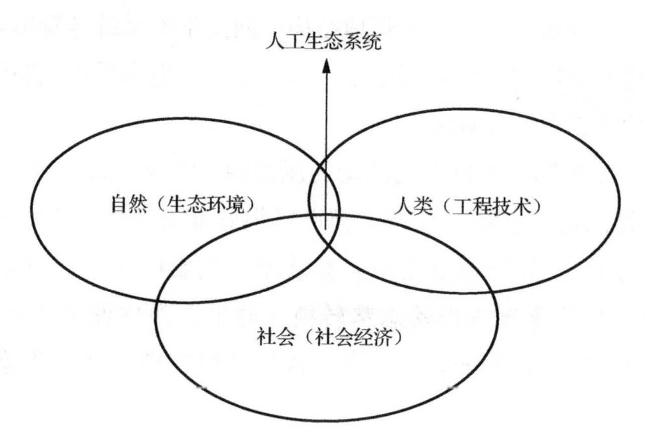

图 2.4　人工生态系统内涵

2.1.5　适应性管理理论

适应性管理的概念是 Holling 于 1978 年提出的，描述为通过科学管理、监测和调控管理活动来不断地适应环境，并根据外界环境的变化做出调整的过程[141]；加拿大环境评估机构认为适应性管理是一种持续地对管理结果进行学习以改进管理行动的过程，这个过程为完善原有措施或新决策的实施提供了灵活性[142]；Parma 认为适应性管理是在掌握系统已有知识和前期管理实践基础上，制订相应的计划和管理决策，并依据计划严格管理[143]；Folke 等则将适应性管理定义为一种持续的、动态的、自组织的、边做边学的制度安排与生态知识的检验过程[144]。随着该理论研究的深入，适应性管理这一新兴理念已被广泛认可，并应用到生态系统管理的众多领域，成为在解决不确定性生态系统优化决策问题上一个重要的研究手段和方法。

适应性管理的目的主要在于通过一系列主动积极的管理措施、手段和政策，探究目标对管理的响应，监测并分析系统状态的差异变化，提高对系统功能的认识，在此基础上修正或更新原有管理措施[145]，以维持和增强生态系统的持续性和适应性。适应性管理的过程一般涉及管理目标的确定、环境条件的监测与评价、内在过程与规律的认识[146]、管理政策设计与试验、方案实施与公众参与、政策的评估与调整等。需要注意的是，适应性管理作为一个连续的动态循环过程，强调系统中各种关系的协调性、稳定性、创新性，绝非对生态系统进行控制。

与传统管理模式有所不同，适应性管理一般又可以分为主动适应性管理（active

adaptive management, AAM）和被动适应性管理（passive adaptive management, PAM）两类[147]。AAM 可根据管理目标同步开展多组管理方案的干预，以获取对系统演变可能性的充分了解，进而降低系统的不确定性。而 PAM 每次仅能执行一种管理措施，主要应用于连续性、动态变化较为强烈的系统，更关注管理目标的实现，学习只是其副产品[148]。然而，对于复杂的生态系统，可以选出几种有效的情景方案进行分析，而不必苛求获取系统的最佳方案。适应性管理的应用并不是为了寻求问题的最优解，而在于持续的学习与交互过程，其中优先的应是交流、共享观点和提出适应性群体策略。

2.2 研究方法

2.2.1 实地调查法

实地调查法是进行科学研究较常见和较有效的研究方法之一。实地调查法是为了达到研究目的，研究者运用客观态度和科学方法制订某一计划来全面收集研究对象某一方面情况的各种材料，并做出分析、综合，得到某一结论的研究方法。实地调查中，研究者综合运用历史法、观察法等方法及谈话、问卷、个案研究、测验等科学方式，通过现场体验和判断观察到的现象，对现象进行有计划的、周密的和系统的了解，对调查搜集到的大量资料进行分析、综合、比较、归纳，对比实际情况与理论研究的差异，可较为直接和有效地了解与收集研究区概况，从而为人们提供规律性的知识。

实地调查法具有灵活、经济和深入的特点，但也具有不少局限：一是实地调查法以定性为取向，难以进行精确的统计性陈述；二是实地调查法研究时间较短，难以在短期内进行长时间的研究；三是实地调查得出的结论并不是最终的结果，往往引导研究者进一步观察，以便获得更深刻更新颖的资料，运用其他方式手段修正先前的结论。

2.2.2 数学建模法

数学模型一般是实际事物的一种数学简化。它常常是以某种意义上接近实际事物的抽象形式存在的，但它和真实的事物有着本质的区别。描述一个实际现象可以有很多种方式，比如录音、录像、比喻、传言等。为了使描述更具科学性、逻辑性、客观性和可重复性，人们采用一种普遍认为比较严格的语言来描述各种现象，这种语言就是数学。使用数学语言描述的事物就称为数学模型。

作为一种重要的思维方式，数学建模应用于经济、环境、管理、生物、交通等多个领域，并与计算机技术相结合，已成为解决实际问题和推动科学技术进步的重要方法之一。数学模型已经贯穿于地理学、生态学等学科的研究始终，尽管数学模型对于复杂巨系统的认识还存在不同程度的局限性，但是仍然对当下研究发挥着不可替代的作用，如种群动力学的 logistic 模型、投入产出的 SBM（slack based measure）模型等。数学模型对于珊瑚礁生态系统的模拟仿真也具有重要指导意义。

2.2.3 系统动力学

系统动力学（system dynamics, SD）是由美国麻省理工学院 Forrester 教授于1956 年创立，最初应用于工业企业管理，处理生产、库存和人员调动等问题，因此也称为“工业动力学”。随着实践和理念的日益成熟，系统动力学的概念、研究方法和研究内容都得到了前所未有的拓展。

系统动力学运用“凡系统必有结构，系统结构决定系统功能”的系统科学思想，根据系统内部组成要素互为因果的反馈特点，从系统的内部结构来寻找问题发生的根源，而不是用外部的干扰或随机事件来说明系统的行为性质。系统动力学是结构的方法、功能的方法和历史的方法的统一。它基于系统论，吸收了控制论、信息论的精髓，是一门综合自然科学和社会科学的横向学科，已经成功应用于城市规划、生态安全和农林生态等多个领域，被称为“政策实验室”，特别适合于分析和解决非线性类复杂大系统的问题。

2.2.4 综合集成方法

上述研究方法不是孤立存在的，而是相互联系、相互作用、相互补充的，综合集成方法是一种综合考虑各种方法的优缺点、以便于各种方法间相互补充和相互辅助的方法（图 2.5）。对于复杂系统，特别是全球变化与人类活动复合影响下的珊瑚礁生态系统，上述任何一种方法如果单独使用，都难以将复杂的生态系统研究清楚。因此，需要形成综合集成方法。

以本书研究的西沙珊瑚礁生态系统为例，作者首先通过实地调查和专家访谈，了解研究区的实际状况，收集论文相关资料和数据；其次在充分了解研究区概况的基础上，结合大量文献研究，利用数学建模和系统动力学方法构建西沙珊瑚礁生态系统动力学模型框架，对比理论分析和现实情况，不断校正模型和改善研究，推动解决复杂系统问题，达到研究目的。

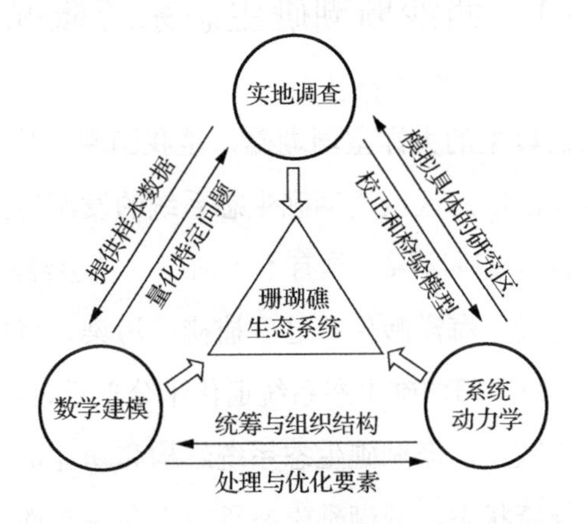

图 2.5 珊瑚礁生态系统的综合集成研究框架

3 西沙珊瑚礁生态系统概况及退化原因分析

3.1 西沙珊瑚礁生态系统概况

西沙群岛珊瑚礁为典型的大洋型珊瑚礁，是我国现存珊瑚礁群落中最古老、最原始的群落，也是我国沿海区域珊瑚礁生态系统的发源地，还是我国近海海域保存相当完好和珍贵的珊瑚礁区域，具有不可估量的社会经济价值。

近年来，在全球变暖、海洋酸化和过度捕捞、污染、海岸工程破坏等人类活动等因素共同作用下，西沙珊瑚礁生态系统退化十分严重，造礁石珊瑚和鹦嘴鱼、石斑鱼等经济鱼类迅速减少，珊瑚礁生态系统结构和功能遭到严重破坏，珊瑚礁生态系统整体处于亚健康状态，珊瑚礁生态承载力和完整性大幅下降，珊瑚礁生态系统的保护和修复迫在眉睫。

3.1.1 自然地理与社会经济概况

西沙群岛是我国南海诸岛中最大的群岛，位于北纬 15°46′～17°08′，东经 111°11′～112°54′，由宣德群岛和永乐群岛组成，陆地总面积约为 9.22km^2，海域面积达 $50×10^4$km^2。西沙群岛处于中国大陆、东沙群岛、中沙群岛和南沙群岛之间，是中国通往南亚、东南亚等国的战略要道。2005 年国家海洋局在西沙建立了西沙珊瑚礁生态监控区，对包括水环境、栖息地、生物群落等指标开展了连续监测与评价工作。本章选取的西沙生态监控区位于西沙群岛东北部的宣德群岛，监测区域包括永兴岛、石岛、西沙洲、赵述岛和北岛等 5 个岛礁生态系统。

3.1.2　西沙珊瑚礁群落概况

根据实地调研和相关文献整理，本章对2007～2015年的西沙生态监控区珊瑚礁群落状况（包括造礁石珊瑚种群数量、珊瑚覆盖度、珊瑚礁鱼类密度、珊瑚补充量和长棘海星数量）和生态承载力进行分析研究（图3.1）。结果表明：西沙珊瑚礁生态系统结构和功能日益丧失，珊瑚礁生态承载力总体处于超载水平，西沙珊瑚礁生态系统退化严重。

具体而言：①西沙珊瑚礁生态系统造礁石珊瑚种类下降明显，从观测之初2007年的75种下降到2015年的35种，近10年下降了约60%，此外造礁石珊瑚种群结构也由鹿角珊瑚转变为滨珊瑚和枝珊瑚；②西沙珊瑚礁生态系统造礁石珊瑚覆盖度不断下降，从观测之初2007年的53.8%下降到2015年的2.7%；③西沙珊瑚礁生态系统鱼类密度明显下降，由2007年的213尾/100m^{2}下降到2015年的130尾/100m^2，下降了近39%；④观测期内，西沙珊瑚礁生态系统珊瑚补充量呈现先降低后升高的趋势，但总体仍处于较低水平，2008～2011年，珊瑚补充量不足0.1个/m^2；⑤多年监测（2005～2009年）发现西沙珊瑚礁生态系统中长棘海星的数量不断增加，个别区域甚至可达到2个/m^{2}以上；⑥根据造礁石珊瑚种类、珊瑚礁鱼类密度、珊瑚覆盖度和珊瑚补充量等指标确定西沙珊瑚礁生态系统承载能力，结果发现西沙珊瑚礁生态系统承载能力呈现明显下降趋势，2007～2015年生态承载状况下降幅不断增大，整体下降幅度在60%左右。

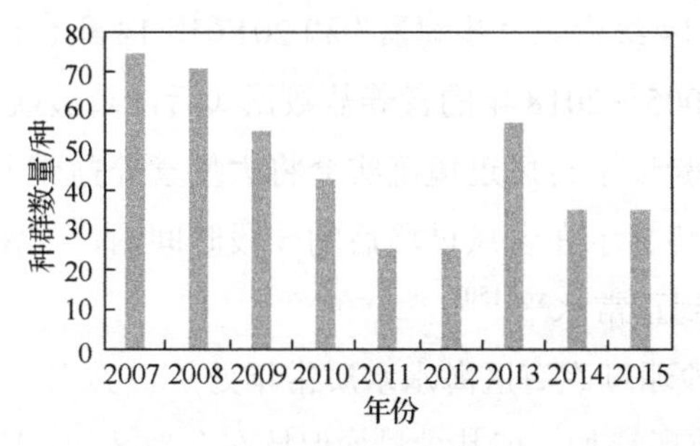

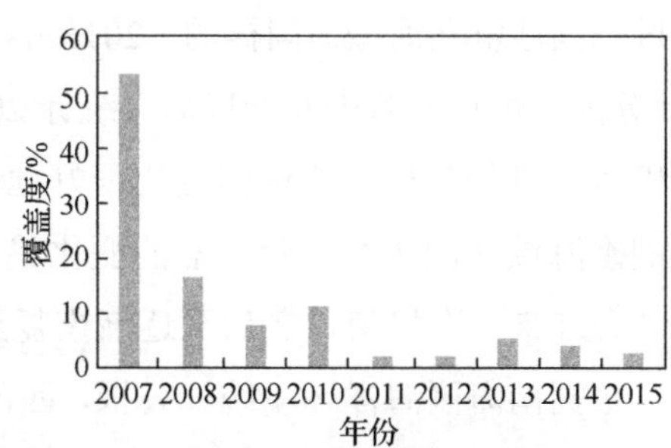

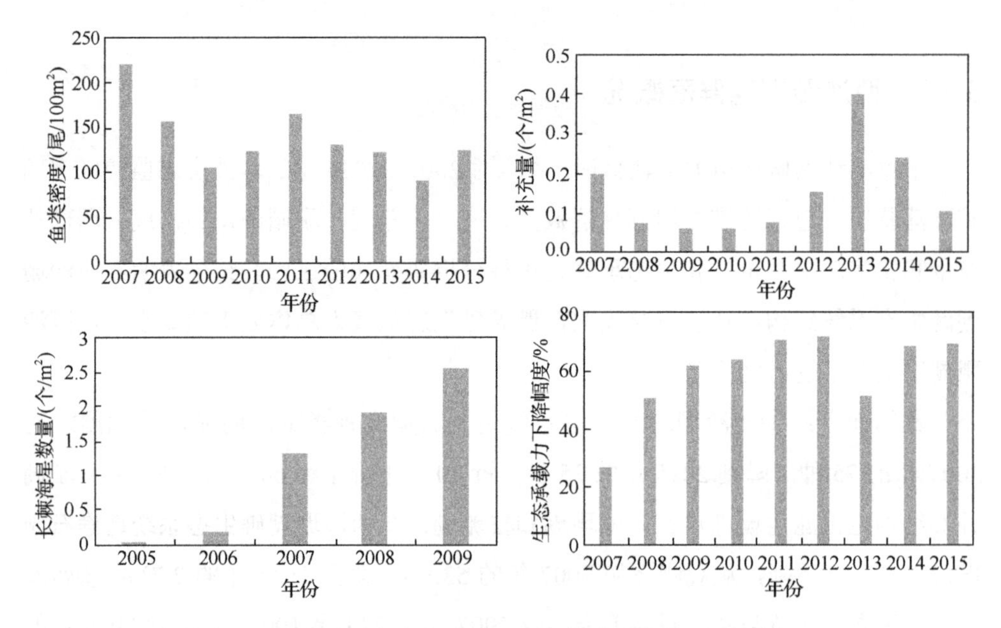

图 3.1　西沙生态监控区造礁石珊瑚的种群数量、覆盖度、鱼类密度、补充量、长棘海星数量和生态承载力变化[149]

3.1.3　西沙珊瑚礁水质概况

相关研究表明，暴风雨或者台风会将大量的营养盐冲刷到珊瑚礁海域，造成水中浮游生物大量繁殖，而这些浮游生物又正好是长棘海星幼虫的食物，充足的食物会提高长棘海星幼虫成活率。

根据温州台风网数据，2005 年 16 级台风“达维”和 2006 年 14 级台风“珍珠”都过境西沙群岛海域。同样的，2016 年 14 级台风“莎莉嘉”和 2017 年 14 级台风“杜苏芮”也正面袭击西沙群岛。统计 2005～2018 年的营养盐数据（活性磷酸盐、无机氮）进行分析，峰值的变化很好地验证了台风过境确实会将大量营养盐带入珊瑚礁海域（图 3.2）。营养盐的变化趋势显示在台风过境后的一段时间内，其浓度都会迎来一个峰值，之后又逐渐恢复到正常水平[150]。

根据南海区海洋环境统计公报，西沙珊瑚礁海区海水水质常年处于一类水质，尽管时而受到台风影响，营养盐含量会有所增加，但其含量均保持在合理区间。因此，台风虽然会让西沙珊瑚礁海域的营养盐含量增加，但营养盐浓度的升高并不是西沙珊瑚礁生态系统退化的主要原因。

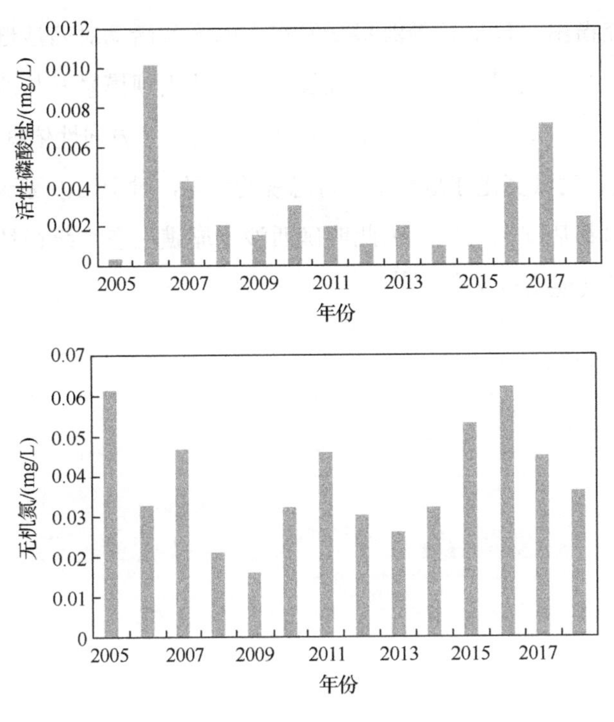

图 3.2 2005～2018 年西沙群岛海域营养盐变化[150]

3.2 西沙珊瑚礁生态系统退化原因分析

西沙珊瑚礁生态系统退化趋势明显，针对退化原因，大量研究表明是自然因素和人类活动双重叠加的结果。张振冬等通过建立西沙珊瑚礁生态承载力评价指标体系，评估了西沙珊瑚礁生态承载能力和变化趋势，指出西沙珊瑚礁生态总体严重超载[149]；吴钟解等通过对西沙生态监控区 2005～2009 年的造礁石珊瑚种类、覆盖度、补充量和主要环境因子进行调查研究，指出海水温度升高、海洋酸化和生物侵蚀（长棘海星大规模暴发）等是造礁石珊瑚退化的主要原因[151]；李元超等对永兴岛及七连屿海域 2007～2016 年的珊瑚礁监测数据进行了分析，认为人类活动（旅游开发、海岸工程建设等）影响较大[152]。除此之外，工程破坏、旅游观光和水质下降也被认为是西沙珊瑚礁生态系统退化的主要原因[153-159]。

尽管西沙珊瑚礁生态系统的退化是自然因素和人类活动共同作用导致的，但黄晖等通过研究指出，包括长棘海星暴发在内的人类活动对西沙珊瑚礁生态系统的影响远大于气候变化因素，也就是说长棘海星的大规模暴发是西沙珊瑚礁生态系统退化的主要原因，这也为后续环境胁迫研究提供了方向性依据[117]。需要指出的是，尽管如此，气候变化亦是一个不可忽视的因素，对于西沙珊瑚礁生态系统的退化和保护都起着基础性作用。因此明确西沙珊瑚礁生态系统在环境因素胁迫下的发展轨迹仍极具现实意义[160-161]。

4 环境胁迫下西沙珊瑚礁生态系统动力学模型构建及敏感性分析

4.1 模型构建

西沙珊瑚礁生态系统作为自然和社会相耦合的复杂动态系统，具有变量多、反馈回路多和非线性等特点，常规实验无法精准模拟预测复杂巨系统的内生性变化及其胁迫机理。若要解决这些问题，必须采用系统科学理论和珊瑚礁生态系统模型。但已有模型大多集中于个体模型或静态分析，缺乏对系统演变过程和机理的整体把握，难以做长期的、动态的及战略性的模拟研究，因此本书采用系统动力学方法对西沙珊瑚礁生态系统进行仿真模拟。

系统动力学是一门综合自然科学和社会科学的横向学科，它吸收了控制论和信息论的精髓，是基于系统论的结构方法、功能方法和历史方法的统一，被称为“政策实验室”，目前已经被成功应用到社会、经济和自然系统中，是解决高阶次、多回路和非线性的复杂反馈系统的重要手段。系统动力学建模有如下几个步骤：①明确建模问题，确定系统边界；②提出动态假设，对系统内部反馈机制做出内生性解释并绘制系统结构图；③模型检验与应用，模型通过检验后，通过参数调整，对系统进行仿真模拟。

4.1.1 系统边界和结构

西沙珊瑚礁生态系统是一个无时无刻不在与外界环境进行物质、能量和信息交换的复杂巨系统，因而不是一个封闭的空间。本章的主要目的是以造礁石珊瑚为核心，基于西沙珊瑚礁生态系统各功能群与环境间的复杂反馈关系，探讨环境胁迫下西沙珊瑚礁生态系统的整体发展轨迹。具体研究流程简图如图 4.1 所示。

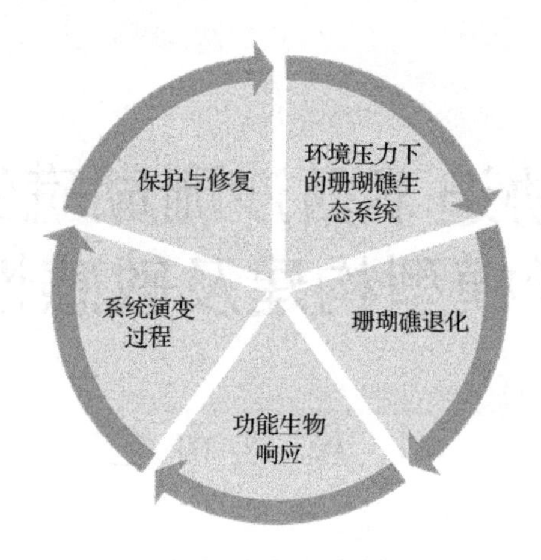

图 4.1　研究流程简图

本章根据研究需要划定系统边界，把与实现系统目标关系密切的重要部分划入系统作为内生变量，并把影响系统的各主要环境因素定义为外生变量。考虑到海水的流动性和西沙珊瑚礁系统的连通性，这里的边界并不是严格意义上的地域划分，只是暂把这些相关变量纳入系统中，从而形成一个相对“封闭”的系统以进行系统动力学模拟。

系统的内生变量由珊瑚礁生物群组成，一般按习性可分为浮游生物群、游泳生物群和底栖生物群。本章主要针对系统层次的动力学进行模拟，而非个体营养动力学，因此，引用功能群的概念来表示在生态系统中起着相似生态作用并占据相似生态位的若干物种的集合体。基于生态系统的整体性和目标导向，珊瑚礁生态系统划分为造礁生物功能群、大型藻类功能群、草食性鱼类功能群、敌害生物功能群和调控类功能群五大类（表 4.1），环境子系统贯穿其中。为了增加对珊瑚礁生态系统的一般性理解，模型后期的构建以代表性生物为准，并在设置物种的相关参数时尽量平衡个体差异。

表 4.1　西沙珊瑚礁生态系统功能群及主要生物

功能群	相关释义	代表性生物
造礁生物功能群	珊瑚礁的主要建造者，具有造礁功能的生物	造礁石珊瑚等
大型藻类功能群	珊瑚礁的重要组成部分，与珊瑚形成竞争关系	大型肉质海藻等
草食性鱼类功能群	大型藻类的相关捕食者	鹦嘴鱼等
敌害生物功能群	造礁石珊瑚的相关捕食者	长棘海星等
调控类功能群	敌害生物的相关捕食者	大法螺、鲷鱼等

系统的外生变量由影响西沙珊瑚礁生态系统的主要环境组成，主要包括全球气候变化和人类活动。大量研究表明，由全球气候变化引起的海水温度升高和海洋酸化是西沙珊瑚礁生态系统退化的主要原因；此外，旅游、排污、不合理的捕鱼方式和工程建设也会对珊瑚礁生态系统造成不利影响。考虑到西沙珊瑚礁生态系统的复杂性，结合前期调研与文献研究，本章适当简化了珊瑚礁食物网关系及其与环境间的相互作用，并对那些已确定的西沙珊瑚礁退化原因的几类典型模式进行建模分析。

4.1.2　系统因果回路分析

本章主要从环境因子对西沙珊瑚礁生态系统的胁迫作用角度考虑，并从珊瑚与藻类的竞争关系入手，考虑到系统的整体性、层次性和可操作性确定系统边界。与此同时，系统之间和系统内部要素间相互作用、相互联系，形成具有多重反馈的因果关系结构。根据研究区具体概况，本章对西沙珊瑚礁生态系统内部结构进行定性分析，以进一步了解各变量之间的因果关系及反馈机制（图 4.2）。主要的因果链有以下几条：

（1）造礁石珊瑚→+珊瑚礁→+珊瑚礁可用空间→+造礁石珊瑚；

（2）造礁石珊瑚→+鹦嘴鱼→-大型藻类→-珊瑚礁可用空间→+造礁石珊瑚；

（3）造礁石珊瑚→+鹦嘴鱼→+沉积物→-造礁石珊瑚；

（4）造礁石珊瑚→+大法螺→-长棘海星→+造礁石珊瑚；

（5）造礁石珊瑚→+鲷鱼→-长棘海星→+造礁石珊瑚。

因果链（1）、因果链（3）、因果链（4）和因果链（5）四条正反馈回路表示了造礁石珊瑚经过缓慢生长发育逐渐形成珊瑚礁的过程。随着珊瑚礁的增长，珊瑚礁可用空间相应扩张，因此，造礁石珊瑚幼体可获得更多的生存空间。此外，造礁石珊瑚的生长发育会促进草食性鱼类生长、发育和繁殖，草食性鱼类通过捕食大型藻类控制大型藻类的暴发，导致大型藻类数量减少，珊瑚礁可用空间扩大。大法螺和鲷鱼通过捕食长棘海星成体和长棘海星幼虫控制长棘海星的数量，尽管西沙海域中长棘海星的暴发是西沙珊瑚礁退化的主要原因，但大法螺和鲷鱼等调控类生物的增多会导致长棘海星数量的减少，进而使造礁石珊瑚的存量增多。

因果链（2）这一负反馈回路表示草食性鱼类在捕食大型藻类过程中会对珊瑚礁基底造成一定程度损坏，从而使西沙海域中沉积物的含量增多，对造礁石珊瑚的生长发育造成负面影响。

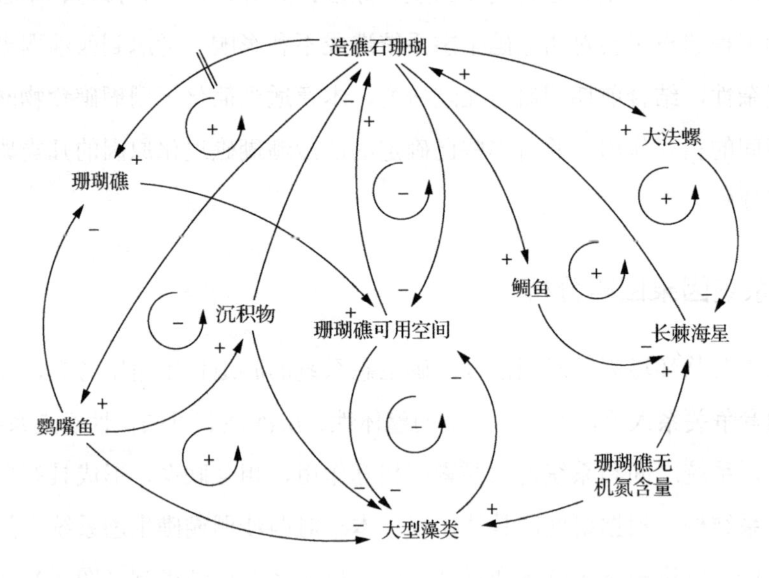

图 4.2　西沙珊瑚礁生态系统因果关系及反馈机制图

4.1.3　模型变量及流图构建

1. 模型变量及数据来源

模型构建时并非对涉及的所有结构和过程进行描述，而是根据研究目标和需要，对造礁石珊瑚及其相关变量进行阐述分析。因此，依据上述珊瑚礁生态系统的边界和结构，尽量简化珊瑚礁生态系统动力学模型体系，相关变量和方程式见附录 A 和 B。

考虑到缺少大量观测数据及相关参数难以量化的问题，本书所采用的珊瑚礁生态系统相关数据资料部分来自《中国渔业统计年鉴》(2010—2016 年)、《海南省海洋生态环境状况公报》（2010—2016 年）和《南海区海洋环境状况公报》(2010—2016 年)，部分来自已有文献估算和项目调查资料，其他参数则通过模型多次模拟运行所得。

2. 模型构建及说明

基于 Vensim DSS 平台软件绘制了相关系统动力学流图（图 4.3），并根据珊瑚礁功能群之间相互关系和研究目的，将珊瑚礁生态系统划分为大型藻类子系统、珊瑚类子系统、环境子系统和其他生物子系统（包括草食性鱼类功能群、敌害类生物功能群和调控类生物功能群），并重点考虑长棘海星暴发、海水温度、海水 pH 和陆源沉积四类环境因子对上述四大子系统的胁迫作用。

1）大型藻类子系统

该子系统主要描述的是大型藻类与造礁石珊瑚之间的竞争关系。藻类与珊瑚竞争阳光、空间和营养物质等，是珊瑚礁生态系统中另一个重要组成部分。除与珊瑚竞争之外，大型藻类的生长还受到营养盐和沉积物的强烈影响。尤其当海水中无机氮含量增多时（伴随其他营养盐如磷酸盐），会显著提升海洋植物（如藻类）的生长率，促进其快速发育达到成熟，相比于珊瑚类生物，高营养盐环境更适合大型藻类的生长。而在西沙珊瑚礁海域，由于海水水质常年处于国家一类标准，无机氮平均溶解量应小于 0.2mg/L，且由于草食性鱼类存在，藻类面积处于较低水平，模型中并未设置藻类随机暴发之一变量。

相关研究表明，当海水温度升高或者海水 pH 下降时，珊瑚礁生态系统就会发生相变[22]，即由珊瑚为主的群落演变成以藻类为主的群落，珊瑚礁生态系统的结构和功能不断降低，生态系统完整性遭到破坏。

大型藻类的补充繁殖过程与珊瑚类似，都具有通过产卵（孢子或配子）进行种群扩张的生理学能力，但仍受到珊瑚礁可用空间的限制。目前，虽然大藻的过量生长是否就是导致活珊瑚覆盖度下降的直接原因尚无定论，但其对于礁区生存空间的竞争、影响珊瑚共生虫黄藻的光合作用、抑制珊瑚礁群落恢复等方面，都已被证实在一定程度上影响了珊瑚的生长。本模型假设大型藻类和活珊瑚主要进行珊瑚礁生存空间的争夺，暂不考虑其他物理、化学和微生物过程。此外，模型设置了成熟大藻迁移量，表示大型藻类随海水从外界流入珊瑚礁的过程，并加入随机暴发因子以探寻大型藻类与珊瑚间的动态变化关系。

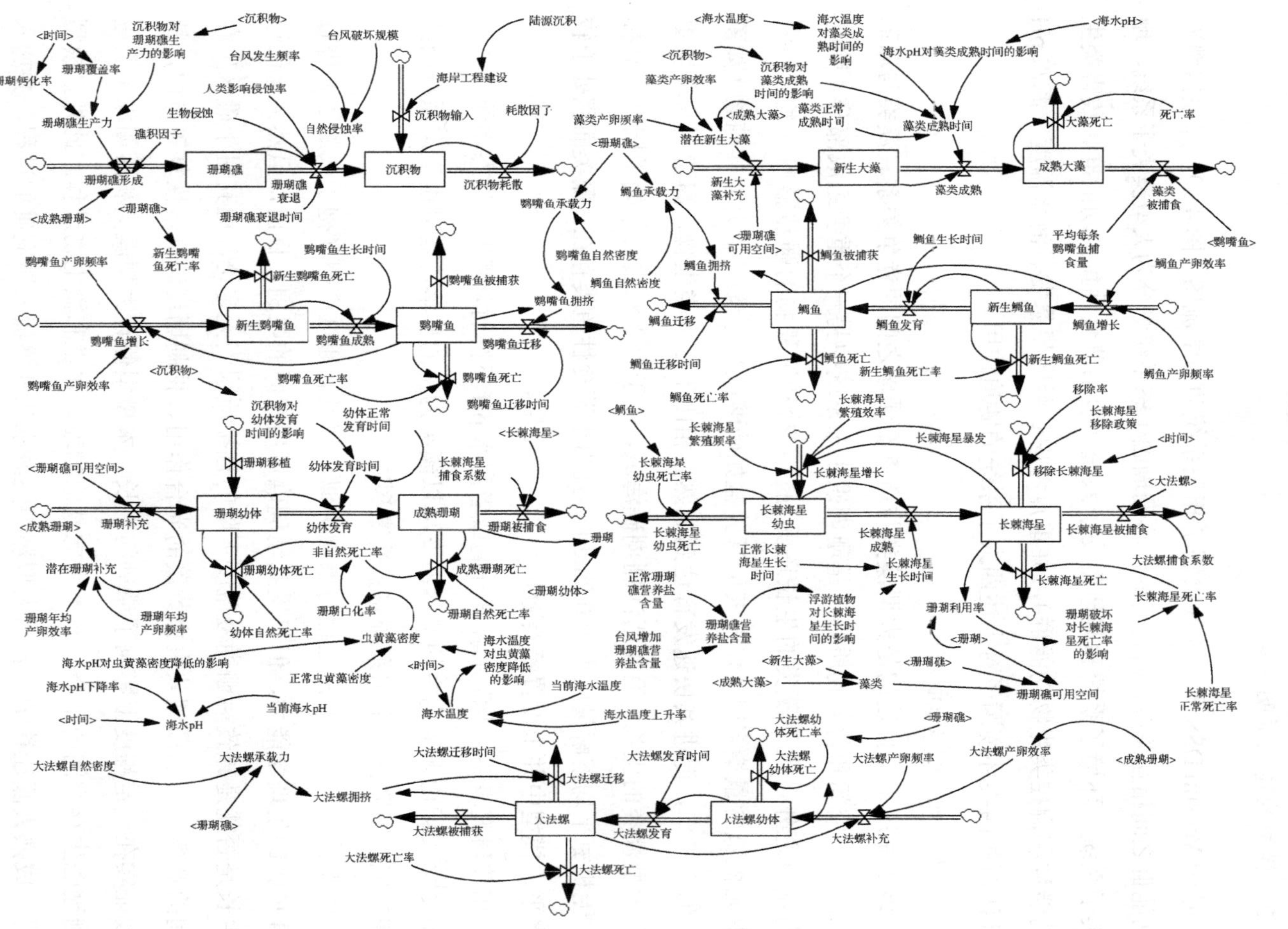

图 4.3 环境胁迫下西沙珊瑚礁生态系统动力学流图

2）珊瑚类子系统

该子系统重点描述的是造礁石珊瑚与藻类的竞争关系及其受各种环境因子的影响。造礁石珊瑚是珊瑚礁生态系统的核心，也是珊瑚礁生态系统修复的重点，所有仿真和模拟都应该围绕其展开。该子系统还描述了造礁石珊瑚从自然生长、堆积成礁到衰退耗散的过程。除此之外，珊瑚礁可用空间的制约导致珊瑚补充量和珊瑚产卵效率下降等因素也会对造礁石珊瑚的生长发育产生影响。

模型假设珊瑚幼体的补充量主要来源于成熟珊瑚，并由珊瑚的年均产卵频率和产卵效率所决定。同时，珊瑚幼体、成熟珊瑚和大型藻类共同占据珊瑚礁的生存空间，因此，珊瑚补充量还将受到珊瑚礁可用空间的多重反馈影响。此外，研究中为了反映珊瑚寿命的自然终止和其他死亡原因，划分了自然死亡率和非自然死亡率，并假设二者共同影响活珊瑚的死亡。

3）环境子系统

不同环境因子胁迫下珊瑚礁生态系统的演化轨迹存在差异。研究表明，西沙海域海水温度年均增长约为 0.017℃[162]，海水温度升高会促使珊瑚排除共生虫黄藻导致珊瑚白化死亡[163]。此外，不同珊瑚对海水温度的耐受能力不同，致死临界温度也不同[164]。因此模型引入当前海水温度这一变量并通过海水温度年均增长约0.017℃构造公式模拟未来几十年西沙珊瑚礁海域海水温度的整体变化，并结合西沙珊瑚礁海水温度的整体变化耦合西沙珊瑚礁生态系统中的珊瑚白化率，通过西沙珊瑚礁生态系统中珊瑚死亡率模拟珊瑚数量的变化。

大气中 CO_2 浓度升高导致海水 pH 不断下降，对珊瑚礁生态系统造成较大影响。一方面 pH 降低会导致珊瑚礁溶解崩碎，另一方面 pH 降低会导致藻类过量繁殖，与珊瑚竞争资源[165-166]。因此模型引入当前海水 pH 这一环境变量，并耦合海水 pH 下降率模拟未来几十年西沙珊瑚礁海域海水 pH 的整体变化趋势，与海水温度类似，海水 pH 的变化同样会导致珊瑚白化率的变化，因此将西沙珊瑚礁海域海水 pH 的整体变化趋势与珊瑚白化率耦合起来，与海水温度一样共同作用于珊瑚死亡率[167]。

此外，陆源沉积物会使海水变得浑浊，导致水体透光率下降，虫黄藻光合作用减弱，导致珊瑚礁生态系统退化。因此，在模型中引入陆源沉积变量，主要表示以海岸工程建设为代表的人类活动输入到西沙珊瑚礁海域的沉积物含量。模型中还增设了“沉积物对藻类成熟时间的影响”“沉积物对珊瑚礁生产力的影响”“沉积物对珊瑚幼体发育时间的影响”等，阐明了陆源沉积这一环境变量对西沙珊瑚礁生态系统的综合影响。

尽管西沙珊瑚礁生态系统的退化是人类活动和全球变化双重因素导致的，但长棘海星的暴发是其中最重要的因素。研究表明西沙海域长棘海星的暴发明显具有周期性，与大堡礁暴发周期 20 年相比，西沙海域长棘海星暴发周期为 15 年（前 5 年为暴发期，后 10 年为恢复期），因此在模型中设置了长棘海星暴发变量[150]。考虑到西沙珊瑚礁海域营养盐含量虽因台风来袭会有所增加，因此在模型中除西沙珊瑚礁海域本身海水营养盐含量外，增设“台风增加的海水营养盐含量”这一变量。但上述环境因子并非单独作用，而是相互联系、相互制约，共同胁迫珊瑚礁生态系统，使珊瑚礁生态系统演化轨迹纷繁复杂。

模型主要涉及的变量如下。

（1）状态变量（L）：表示累积效应的变量。根据研究目的和系统边界，本模型建立珊瑚礁、沉积物、珊瑚幼体、成熟珊瑚、新生大藻、成熟大藻、鹦嘴鱼、鲷鱼、长棘海星幼虫、大法螺和大法螺幼体等状态变量。

（2）速率变量（R）：表示累积效应变化快慢的变量。根据对各状态变量的理解，确定珊瑚礁形成、珊瑚礁衰退、沉积物耗散、鹦嘴鱼增长、鹦嘴鱼死亡、鹦嘴鱼被捕获、珊瑚补充、珊瑚幼体死亡、珊瑚幼体发育、珊瑚移植、珊瑚被捕食、成熟珊瑚死亡等速率变量。

（3）辅助变量（A）：从累积效应变量到速度变量及变化速度之间的中间变量。模型包括珊瑚钙化率、珊瑚覆盖率、大法螺拥挤、鹦嘴鱼拥挤、鲷鱼拥挤等辅助变量。

在所考虑的时间内变化甚微或相对不变化的那些系统参数视为常量（C）。模型中的常量主要有常数值、表函数、初始值等。

4.1.4 模型检验

西沙珊瑚礁生态系统动力学模型建立之后，一般应有量纲检验、模型边界检验、灵敏度检验和真实性检验等多种测试方法，为确保模型模拟运行结果的准确性，对模型进行检验显得尤为重要。但必须强调的是，本书的研究目的并非精准预测，而是探究在各种环境因子胁迫下的西沙珊瑚礁生态系统长期的整体演化过程，并从系统科学角度理解西沙珊瑚礁的退化过程和演变机理。根据本书的研究目的，我们对模型进行了详细的检验。

不同于其他的系统动力学模型，本章研究内容具有模型不确定、参数不确定、缺少大量观测数据等诸多阻碍。因此，经咨询专家后，对模型检验主要基于以下三方面标准进行综合考察。

（1）能够反映西沙珊瑚礁生态系统的内在逻辑关系；

（2）符合生态学原理和生态学基本常识；

（3）符合西沙珊瑚礁生态系统的现象。

为此，本书经过多次“模拟-修正-模拟”的调试及专家咨询，通过了以下检验内容。

（1）结构性检验：模型包括若干系统动力学方程，利用 Vensim DSS 软件对模型进行直观检验，发现模型中变量的设置、流图结构和方程表述均较合理。通过对模型的边界、变量及逻辑关系的合理性检验，发现模型的边界和变量的概括程度较为恰当。

（2）行为性检验：通过对模型的直接运行、极端条件测试、敏感性测试等行为模式的检验，发现模型基本展现了现实系统中观察到的行为模式（包括定性和定量），即使在功能群和人类活动变化下，系统预期的行为模式也是相似的。

（3）真实性检验：对模型进行真实性检验，由于模型初始构建涉及研究区的部分历史数据，以 2010 年为初始年，选取成熟珊瑚覆盖面积和活珊瑚覆盖率两个指标的仿真值与同期历史值进行对比，通过对模拟值和实际值的趋势对比分析（图 4.4），发现除初期二者行为差距较大外，其余年份两者的行为拟合度较好。考虑到西沙珊瑚礁生态系统长期的整体演化过程，并从系统科学角度理解西沙珊瑚礁的退化过程和演变机理的研究目的，可信度满足模拟要求。

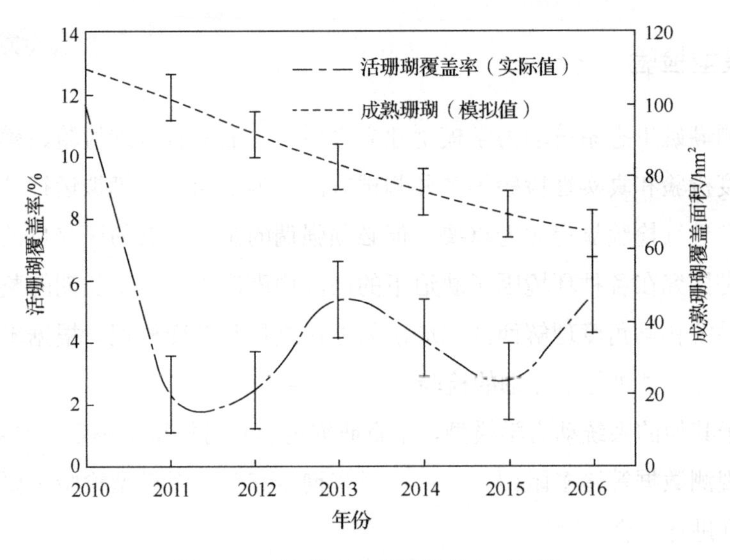

图 4.4　西沙珊瑚覆盖面积拟合对比图

4.1.5　结果与分析

本书以西沙珊瑚礁生态监控区为研究区域，模型时间范围为 2010～2050 年，时间步长设置为 0.25 年。模型主要初始值设置如下：初始造礁石珊瑚面积为 110hm^2（包括珊瑚幼体 10hm^2 和成熟珊瑚 100hm^2），初始藻类面积为 40hm^2，初始沉积物面积为 10hm^2，初始海水温度为 30℃，初始海水 pH 为 8.0，初始鹦嘴鱼和鲷鱼各 20 万尾（只），考虑由于人类破坏性的捕捞方式，西沙海域大法螺近乎绝迹，因此模型中初始大法螺为 0。

基于模型的因果关系和参数值，暂不考虑其他外界因素的干扰，对珊瑚礁生态系统动力学模型进行仿真模拟（图 4.5）。在各变量指标值维持现有水平下，模拟结果显示：珊瑚的面积呈现先增加后略有减少，模拟后期珊瑚的面积达到了近 88.76hm^2，较模拟初期面积有所减少，年均减少 4.8%；长棘海星的暴发具有明显周期性，在未有效实施长棘海星移除政策时，长棘海星的数量并未有效减少；鹦嘴鱼的数量不断增加，但其受到环境容纳量限制，后期呈现减少趋势，受此影响，藻类数量会大幅度下降。总体来看，西沙珊瑚礁生态系统处于低水平发展态势，珊瑚礁生态系统结构和功能处于缓慢恢复中，生态系统完整性遭到破坏，由于长棘海星的暴发性存在，亟须人工干预加速修复进程。

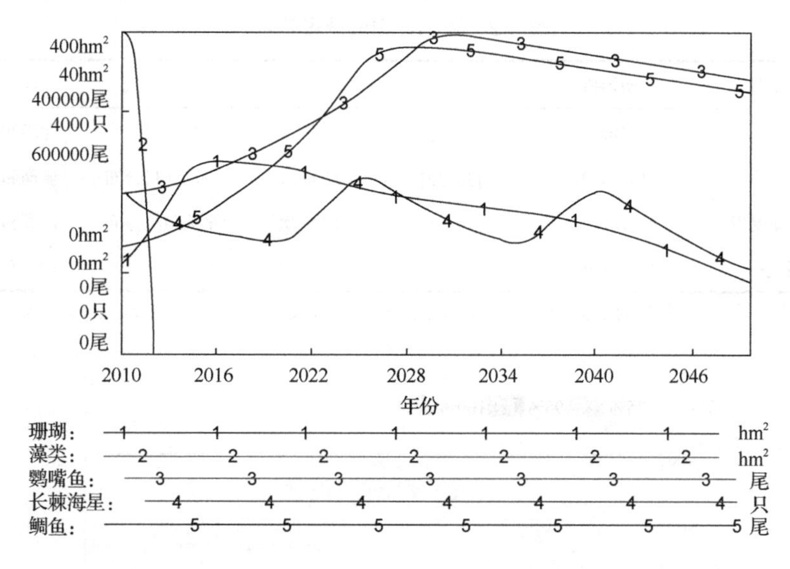

图 4.5 西沙珊瑚礁生态系统动力学模拟结果

基于基础模拟结果，该珊瑚礁生态系统基本是不可持续的，根据研究目的，有必要对系统发展过程中的潜在情景进行综合模拟，以进一步探寻西沙珊瑚礁生态系统的整体演变轨迹。

4.2 敏感性分析

西沙珊瑚礁生态系统动力学模型建立后，经过敏感性分析，可直观看出观测变量对控制变量的敏感程度和影响轨迹。选取西沙珊瑚礁生态系统动力学模型中的海水 pH、海水温度、长棘海星暴发和陆源沉积四种调控变量，针对观测变量珊瑚和珊瑚礁进行敏感性分析（表 4.2），长棘海星暴发则依据灾害突发的随机性，设置 0～1 调控区间（即最大增长约为变量初始值的两倍）的暴发规模，以测试其关键影响程度。准确把握各个环境胁迫因子对于珊瑚和珊瑚礁这两个观测变量的敏感性结果，以便为后续研究奠定基础，敏感性分析结果见图 4.6～图 4.13。

表 4.2　敏感性测试设置简表

控制变量	初始值	调控区间	运行次数	分布方式	观测变量
海水 pH	8（Dmnl）	[7, 8]	1000 次	平均随机分布	珊瑚和珊瑚礁
海水温度	30（℃）	[30, 32]	1000 次	平均随机分布	珊瑚和珊瑚礁
长棘海星暴发	0（Dmnl）	[0, 1]	1000 次	平均随机分布	珊瑚和珊瑚礁
陆源沉积	1（Dmnl）	[1, 3]	1000 次	平均随机分布	珊瑚和珊瑚礁

注：长棘海星暴发初始值为 0 表明已移除长棘海星；陆源沉积主要调控海岸工程建设，并不代表具体沉积物输入量。

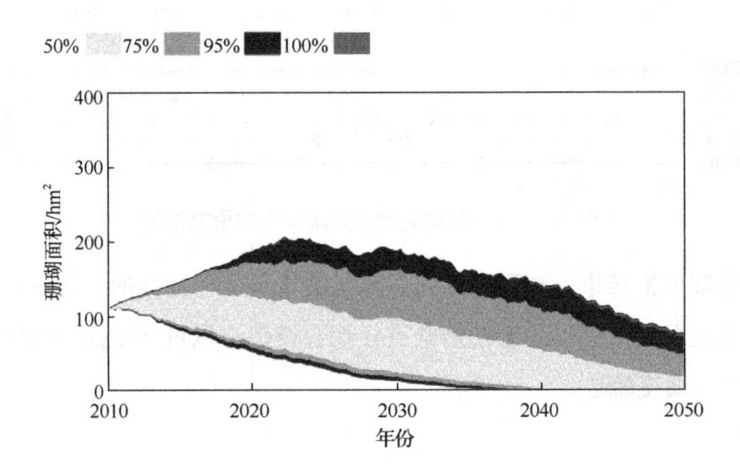

图 4.6　海水温度与珊瑚敏感性测试结果

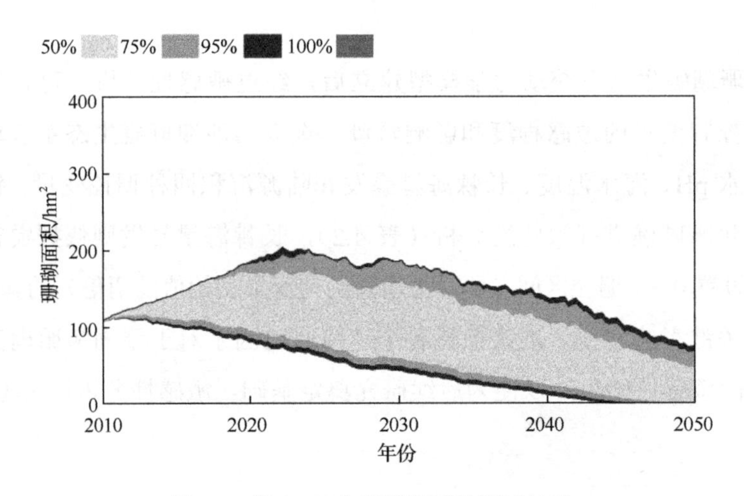

图 4.7　海水 pH 与珊瑚敏感性测试结果

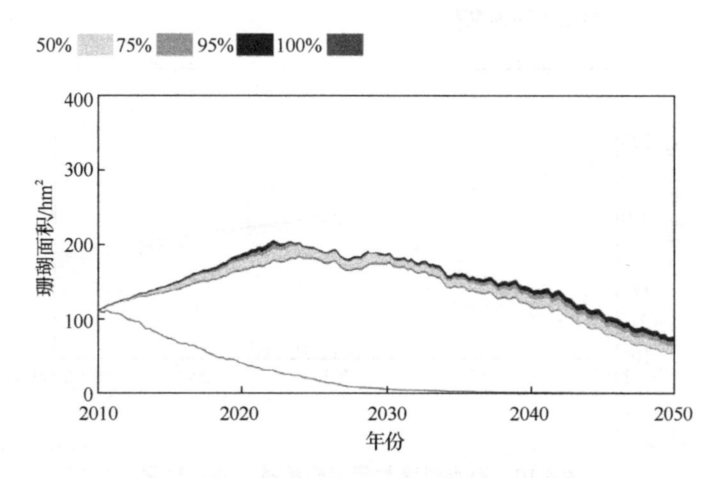

图 4.8 陆源沉积与珊瑚敏感性测试结果

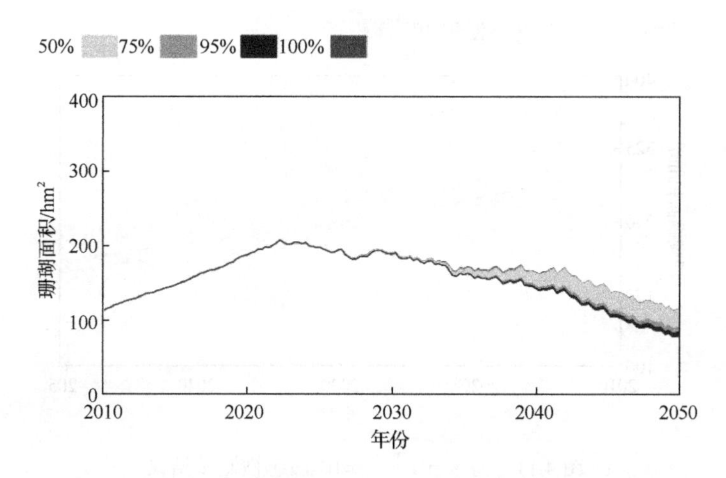

图 4.9 长棘海星暴发与珊瑚敏感性测试结果

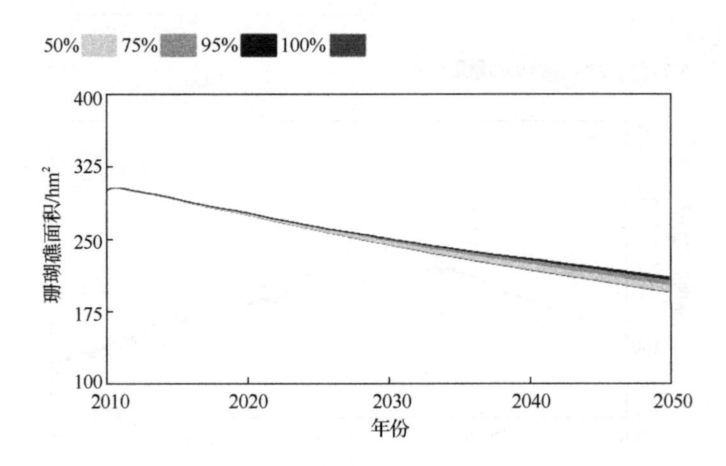

图 4.10　海水温度与珊瑚礁敏感性测试结果

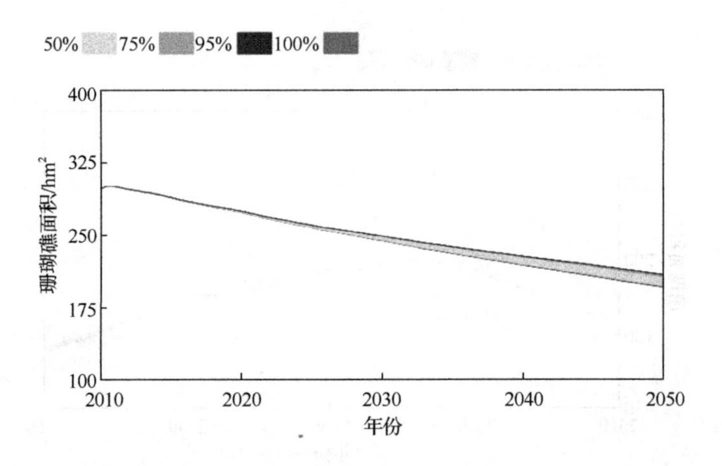

图 4.11　海水 pH 与珊瑚礁敏感性测试结果

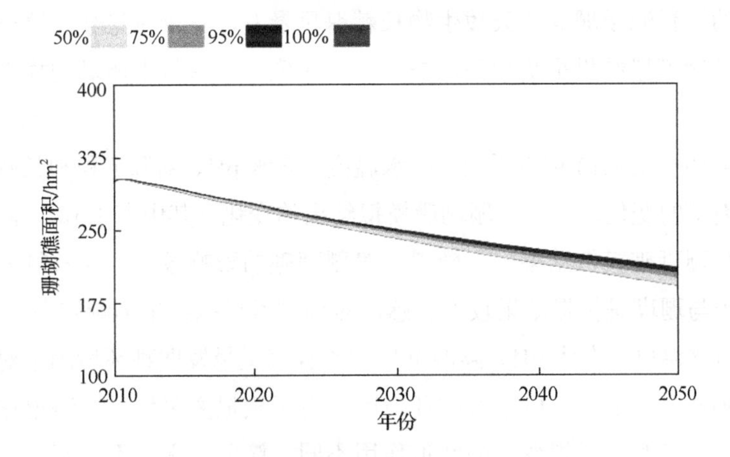

图 4.12　陆源沉积与珊瑚礁敏感性测试结果

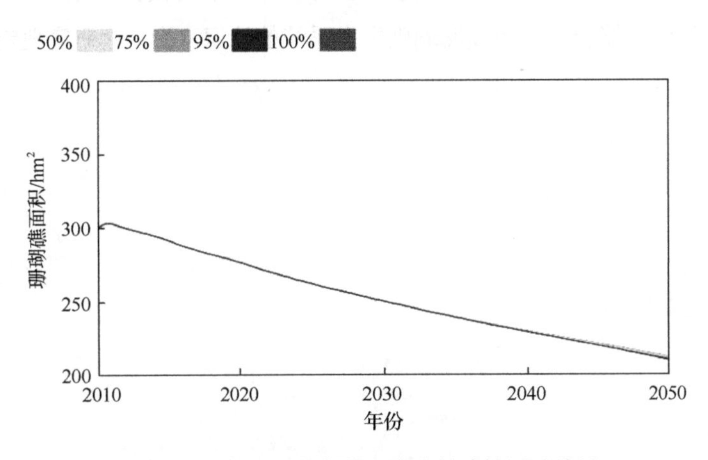

图 4.13　长棘海星暴发与珊瑚礁敏感性测试结果

明确各环境因子对于西沙珊瑚礁生态系统的胁迫程度至关重要。由图 4.6～图 4.9 可知，海水温度、海水 pH、陆源沉积和长棘海星暴发四种政策变量的变化均会导致珊瑚（包括珊瑚幼体和成熟珊瑚）模拟结果的变化。其中可以明显看出海水温度、海水 pH 和陆源沉积与珊瑚模拟结果呈负相关，即此三种政策变量的变化会导致整个西沙珊瑚礁生态系统中珊瑚模拟结果的大幅减少，其中海水 pH 和海水温度与珊瑚的模拟结果较为敏感，这两类环境因子对珊瑚模拟结果的影响较大，其次陆源沉积对珊瑚模拟结果也有影响，但影响较小，这可能与西沙珊瑚礁生态系统动力学模型的设置有关，但也从侧面验证了全球气候变化产生的胁迫因素对珊瑚礁生态系统退化的重要影响，验证了大多数的研究成果。长棘海星暴发这一政策变量的设置源于珊瑚的天敌生物长棘海星暴发，长棘海星暴发这一政策变量的变化与珊瑚模拟结果呈负相关，与西沙珊瑚礁生态系统中珊瑚的模拟结果较为敏感。

由图 4.10～图 4.13 可以看出，海水温度、海水 pH、陆源沉积和长棘海星暴发四种环境因子的变化均会导致珊瑚礁模拟结果的变化。其中海水 pH、海水温度和陆源沉积与珊瑚礁模拟结果较为敏感，对珊瑚礁的影响较大，而长棘海星暴发这一环境因子与珊瑚礁模拟结果较不敏感，对珊瑚礁模拟结果影响较小。

通过海水温度、海水 pH、陆源沉积和长棘海星暴发四种环境因子对珊瑚和珊瑚礁的敏感性分析显示，所选取的环境因子对于模拟变量均具有胁迫作用，但不同环境胁迫因子对于模拟变量的胁迫作用不同。简而言之，不同环境胁迫因子对于同一模拟变量影响不同，同一环境胁迫因子对于不同模拟变量影响也不同，这也加深了我们对环境胁迫下西沙珊瑚礁生态系统的认识，为后续研究奠定坚实基础。

5 环境胁迫下西沙珊瑚礁生态系统多情景模拟

5.1 环境胁迫模拟方案

珊瑚礁退化是指珊瑚礁生态系统的结构和功能在自然、人为干扰或两者的共同作用下，发生相移（改变），打破了生态系统原有的平衡状态，使系统的结构和功能发生变化和障碍，并使生态系统逆向演替的一类受损状态。相对于敏感性分析，多情景模拟的优势在于可通过调控相关变量来主动设置大量情景簇，以分析珊瑚礁群落不同状态的演化机制，为生态系统的多源受损诊断与修复决策提供反馈和调控基础。

按照控制变量的原则，结合系统模拟过程和目标变量的变化，对珊瑚礁生态系统动力学模型进行参数调控（表 5.1），并制订基础情景、单因子扰动、双因子扰动和多因子扰动四类模拟方案，构造干扰“情景库”，为分析珊瑚礁生态系统不同状态的演化机制提供支持。

表 5.1 主要参数设置简表

序号	变量	现状值	调控值 A	调控值 B	相关方程式
1	长棘海星暴发	0	1	2	PULSE TRAIN(2020,5,15,2050)*RANDOM UNIFORM(800,1000,1)*暴发因子
2	海水温度	30℃	30.5℃	31℃	IF THEN ELSE(Time>=2020,(Time-2020)*海水温度上升率+当前海水温度,当前海水温度-(2020-Time)*海水温度上升率)
3	海水 pH	8.0	7.5	7	IF THEN ELSE(Time>=2020,当前海水 pH-(Time-2020)*海水 pH 下降率,当前海水 pH+(2020-Time)*海水 pH 下降率)
4	陆源沉积	1	2	3	RANDOM UNIFORM(0,5,1)*陆源沉积

注：①序号 1 代表长棘海星暴发规模的大小，数值越大表示长棘海星暴发的数量越多；②序号 2 代表海水温度的整体变化趋势和海洋变暖程度，数值越大表示海水温度越高；③序号 3 代表海水 pH 的整体变化趋势和海洋酸化程度，数值越小表示海水越酸；④序号 4 代表从陆地向海域排放的沉积物的量，数值越大表示陆源沉积物输入越多。

5.1.1 单因子扰动

外界环境因子会对珊瑚礁生态系统的发展轨迹进行干扰，依据变量进行组合设置，考虑到西沙珊瑚礁生态系统实际情况，本节构建能代表珊瑚礁群落动态变化趋势和发展规律的八种典型情景，指导不同调控策略下的系统演化特征（图 5.1）。

由长棘海星暴发情景 A_1 和 B_1 可以看出，由于长棘海星为造礁石珊瑚的天敌，在无有效长棘海星移除政策时，长棘海星的周期性暴发会显著减少西沙珊瑚礁生态系统中造礁石珊瑚的面积。研究末期（2050 年，下同）珊瑚的数量分别为 71.10hm^2 和 64.34hm^2，较研究初期（2010 年）分别下降 52.6%和 57.1%，在此种情景下，西沙珊瑚礁生态系统结构和功能破坏最为严重。

由海水温度情景 A_2 和 B_2 可以看出，海水温度的升高将直接导致珊瑚共生虫黄藻的排除速率大于增加速率，虫黄藻密度降低，珊瑚白化死亡。虽然温度升高会加快藻类生长速率，但由于草食性鱼类的存在，藻类数量并未发生明显变化。与基础模拟相比，A_2 和 B_2 情景下珊瑚分别于 2050 年和 2040 年前后全部死亡。

由海水 pH 情景 A_3 和 B_3 可以看出：一方面，随着海水 pH 的下降，珊瑚共生虫黄藻逃逸，使造礁石珊瑚失去生长发育所必需的营养物质，珊瑚白化死亡；另一方面，海水 pH 下降还会造成海水文石饱和度下降和珊瑚礁体溶解。两方面因素都会造成珊瑚面积的大量减少。在该情景模拟下，研究末期时 A_3 和 B_3 情景珊瑚的面积分别为 71.35hm^2 和 34.02hm^2，与基础模拟结果相比，分别下降了 19.61%和 61.67%。

由陆源沉积情景 A_4 和 B_4 可以看出，陆源沉积物的输入将导致珊瑚礁整体的衰退。当沉积物由现状值分别调控到 A_4 和 B_4 情景时，珊瑚面积呈现出明显下降的趋势。研究末期珊瑚的面积分别达到了 62.68hm^2 和 62.32hm^2，较基础模拟结果分别降低了 29.38%和 29.79%。

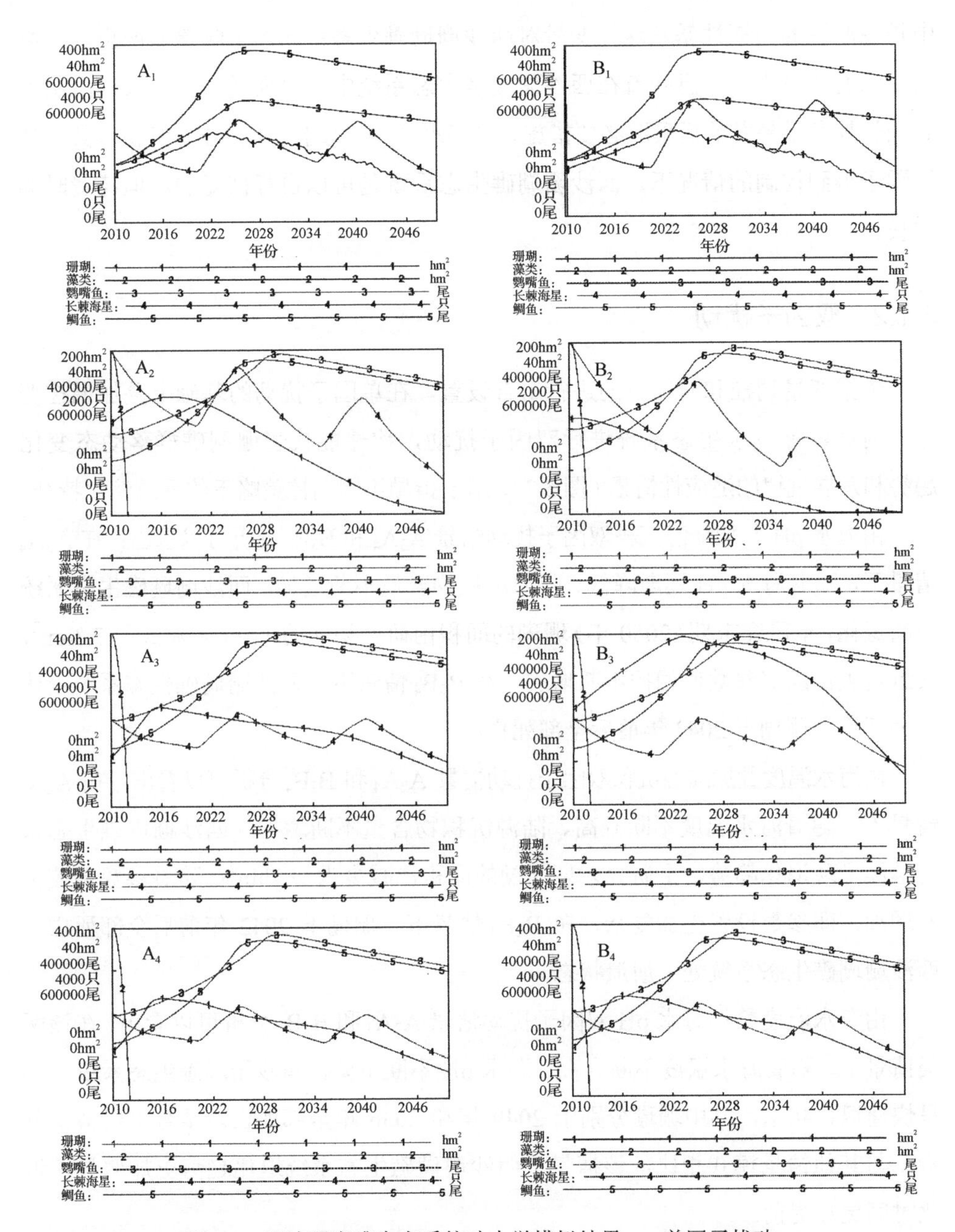

图 5.1　西沙珊瑚礁生态系统动力学模拟结果——单因子扰动

上述单因子扰动的对比分析表明：所选择的四类环境因子的参数调控无助于西沙珊瑚礁生态系统的保护和修复，对西沙珊瑚礁生态系统均产生胁迫作用。其中长棘海星的周期性暴发这一变量对西沙珊瑚礁生态系统的影响最为严重，为影响较深的变量之一，意味着在西沙珊瑚礁生态系统中，只要适时移除长棘海星或者在长棘海星暴发前后采取必要措施，在海水温度、海水 pH 和陆源沉积等其他环境因子得到控制的情况下，西沙珊瑚礁生态系统是可以自行恢复的，但花费时间较长。

5.1.2 双因子扰动

依据变量调控和研究目的进行组合设置，在单因子扰动的基础上叠加调控变量，对西沙珊瑚礁生态系统进行双因子扰动，构建能代表珊瑚礁群落动态变化趋势和发展规律的适应性情景（图 5.2），用于指导不同调控策略下的系统演化特征。

由海水 pH 叠加陆源沉积双因子扰动情景 A_3A_4 和 B_3B_4 分析可以看出：在 A_3A_4 情景下，随着海水 pH 逐渐降低、陆源沉积物含量不断增加，西沙珊瑚礁生态系统不断退化，至研究末期（2050 年）珊瑚的面积由研究初期的 110hm^2 降低至 7.2hm^2，接近消失；随着参数值调控不断增加，在 B_3B_4 情景下，西沙珊瑚礁生态系统退化更加严重，珊瑚于 2043 年前后全部死亡。

由海水温度叠加陆源沉积双因子扰动情景 A_2A_4 和 B_2B_4 分析可以看出：在 A_2A_4 情景下，随着海水温度不断升高、陆源沉积物含量不断增加，西沙珊瑚礁生态系统继续呈现退化趋势，至研究末期珊瑚的面积已减少为 4.7hm^2；随着参数调控不断增加，即参数设置更加复杂，在 B_2B_4 情景下，珊瑚于 2042 年前后全部死亡，西沙珊瑚礁生态系统处于崩溃状态。

由海水温度叠加海水 pH 双因子扰动情景 A_2A_3 和 B_2B_3 分析可以看出，在该两类情景下，随着海水温度不断升高、海水 pH 不断下降，西沙珊瑚礁生态系统整体呈快速退化状态，其中珊瑚分别于 2049 年和 2036 年全部死亡。结合上述情景分析，与其他情景模式相比，该情景下西沙珊瑚礁生态系统退化趋势更加明显，退化时间更加提前。

由长棘海星暴发叠加陆源沉积双因子扰动情景 A_1A_4 和 B_1B_4 分析可以看出，在该两类情景下，随着长棘海星暴发规模的不断扩大和陆源沉积物含量不断增加，西沙珊瑚礁生态系统整体上处于快速退化状态，珊瑚分别于 2038 年和 2029 年前后全部死亡。尽管相比 A_1A_4 情景，B_1B_4 情景下长棘海星暴发规模更大，但是长棘海星数量的快速增加导致珊瑚面积的减少，而珊瑚作为长棘海星的食物之一，珊瑚的面积反过来又制约长棘海星的数量，最终导致长棘海星于 2046 年全部死亡。

由长棘海星暴发叠加海水 pH 双因子扰动情景 A_1A_3 和 B_1B_3 分析可以看出：在该两类情景下，随着长棘海星暴发规模的不断扩大和海水 pH 的不断降低，西沙珊瑚礁生态系统呈快速退化状态；随着参数调控值不断增大，珊瑚分别于 2040 年和 2028 年前后全部死亡。

由长棘海星暴发叠加海水温度双因子扰动情景 A_1A_2 和 B_1B_2 分析可以看出：在该两类情景下，随着长棘海星暴发规模的不断扩大和海水温度的不断升高，西沙珊瑚礁生态系统呈快速退化状态；随着参数调控值不断增大，珊瑚分别于 2041 年和 2026 年前后全部死亡。

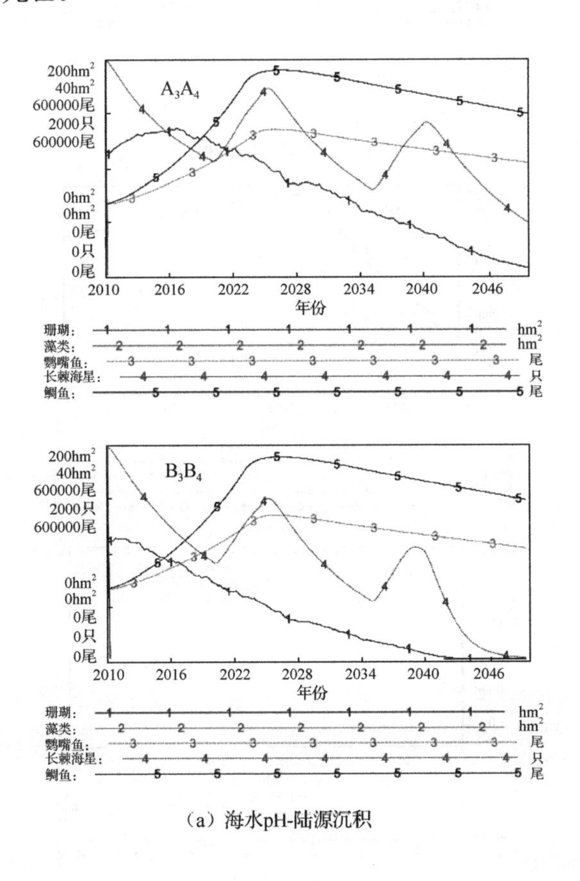

（a）海水pH-陆源沉积

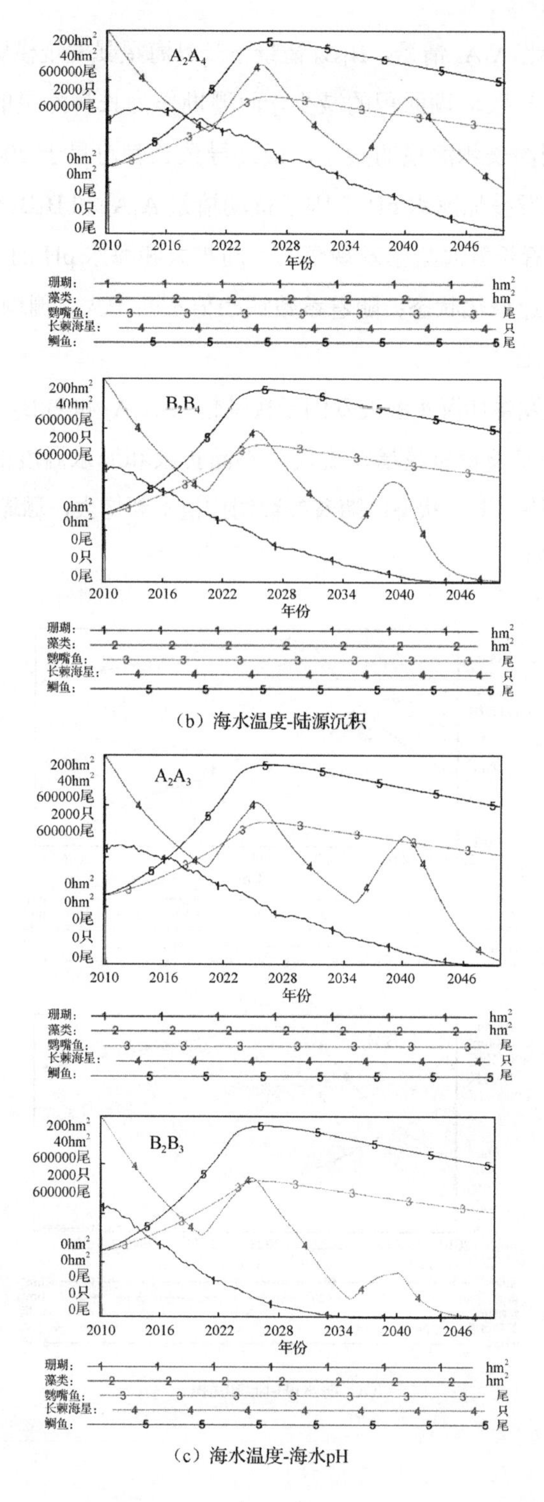

（b）海水温度-陆源沉积

（c）海水温度-海水pH

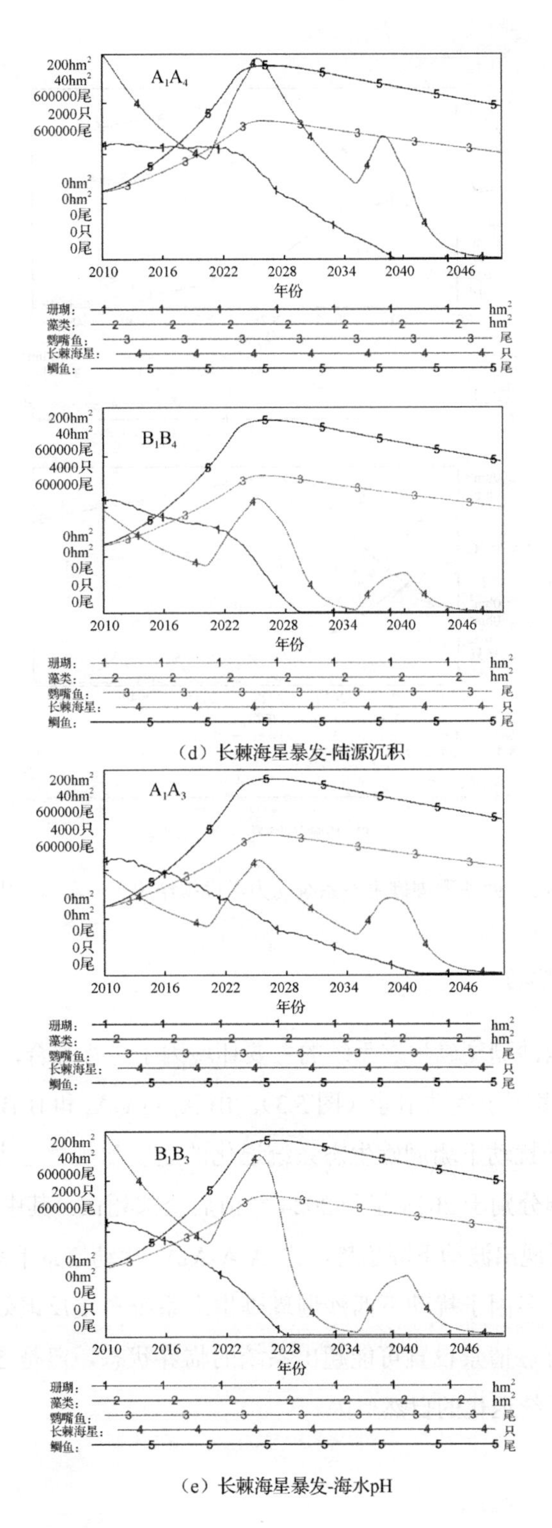

（d）长棘海星暴发-陆源沉积

（e）长棘海星暴发-海水pH

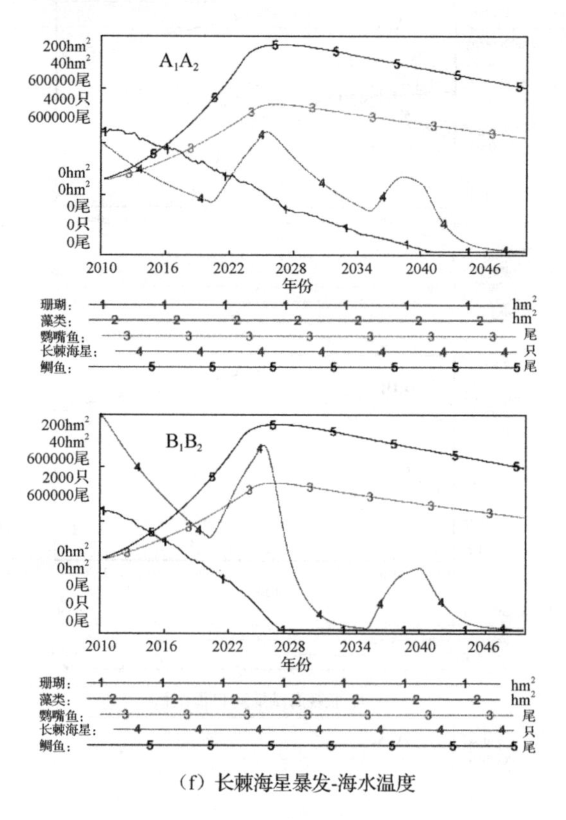

（f）长棘海星暴发-海水温度

图 5.2　西沙珊瑚礁生态系统动力学模拟结果——双因子扰动

5.1.3　多因子扰动

本节将影响西沙珊瑚礁生态系统的主要环境因子进行综合，构建了 $A_1A_2A_3A_4$ 和 $B_1B_2B_3B_4$ 两种多因子扰动情景（图 5.3）。由 $A_1A_2A_3A_4$ 和 $B_1B_2B_3B_4$ 扰动情景明显看出，在多因子扰动下珊瑚礁生态系统退化的速度和规模远大于单因子扰动和双因子扰动，珊瑚分别于 2028 年和 2024 年前后全部死亡。其中，在 $B_1B_2B_3B_4$ 扰动情景下，珊瑚呈现出波动下降趋势，比 $A_1A_2A_3A_4$ 扰动情景下系统演化趋势更加复杂。总体来看，多因子扰动下西沙珊瑚礁生态系统多重反馈效应是最复杂且程度最大的。尽管有些情景设置可能超出系统的临界状态，但是这也从侧面验证了西沙珊瑚礁生态系统退化的自然原因。

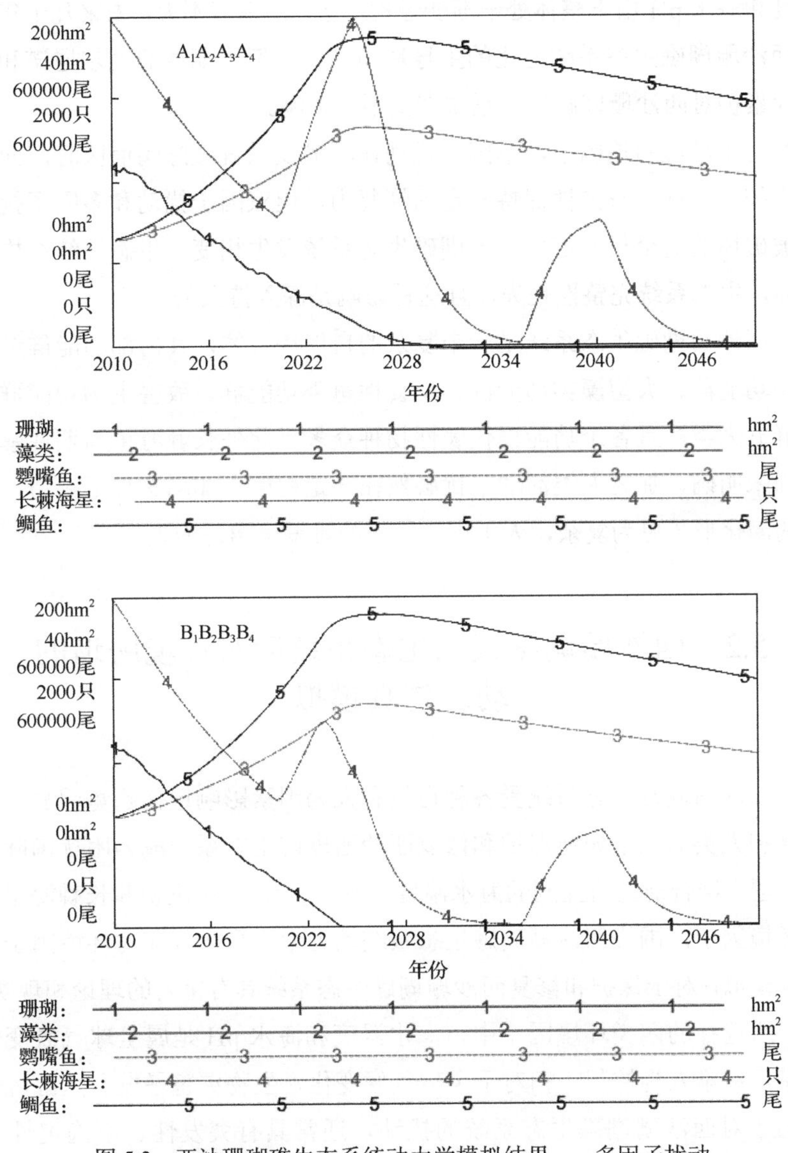

图 5.3 西沙珊瑚礁生态系统动力学模拟结果——多因子扰动

通过上述情景实验设计，较为直观地表达了在海水温度、海水 pH、长棘海星暴发和陆源沉积四种主要环境因子胁迫下的西沙珊瑚礁生态系统的整体演化轨迹。综上，可以得出以下结论。

（1）相对于其他环境因子，长棘海星的大规模周期性暴发是造成西沙珊瑚礁生态系统退化的主要自然原因，是导致西沙珊瑚礁生态系统退化的主要环境因子。

海水温度和海水 pH 由于整体处于渐变过程，且升温幅度不大，未来几十年内并不会成为西沙珊瑚礁生态系统退化的主导环境因子，但周期性的厄尔尼诺和拉尼娜等随机因素仍对西沙珊瑚礁生态系统产生不小影响。

（2）对于环境胁迫因子，单因子扰动在不触及系统敏感阈值区时，西沙珊瑚礁生态系统会根据自身弹性保持一定的恢复力，但双因子扰动和多因子扰动将促使已经被破坏的甚至相对健康的珊瑚礁生态系统发生相变，生态系统结构和功能遭到破坏，生态系统完整性丧失，且这种影响是深入持久的。

（3）西沙珊瑚礁生态系统是一个复杂的自然综合体，其内部功能群绝非只有造礁生物功能群、大型藻类功能群、草食性鱼类功能群、敌害生物功能群和调控类功能群五大类，且各个功能群代表性物种众多，此外长棘海星周期性暴发的机制至今尚未明确，加之人类活动干扰必然在一定程度上加剧这种影响力，使珊瑚礁群落的演化形势更为复杂，人工生态修复的难度也随之增大。

5.2 西沙珊瑚礁人工生态系统应对环境胁迫的动态仿真模拟

当前西沙珊瑚礁生态系统受各种自然和人为因素影响退化趋势明显，在全球气候变化和人类活动下如何保护和修复西沙珊瑚礁生态系统成为困扰国际学术界的一个难题。结合前文所提到的海水温度、海水 pH、陆源沉积和长棘海星暴发四种主要环境因子，围绕西沙珊瑚礁生态系统动力学模型进行应对环境因子胁迫的动态仿真模拟，对于保护和修复西沙珊瑚礁生态系统具有重要的理论和现实意义。

由于所选择的四类环境因子中，海水温度和海水 pH 是属全球气候变化下的环境变量，很难人为控制。相对于全球气候变化，生物灾害暴发和陆源沉积等环境胁迫因子对西沙珊瑚礁生态系统的扰动，通常具有突发性、不确定性和破坏程度大等特点。因此，在应对环境胁迫的动态仿真模拟中选择了长棘海星移除和进行陆源沉积调整两类应对策略进行仿真模拟。本章按照控制变量的原则，并结合系统模拟过程和目标变量的变化，对西沙珊瑚礁生态系统动力学模型设置参数调控方案（表 5.2），针对西沙珊瑚礁人工生态系统进行应对环境胁迫的动态仿真模拟，并制订多种方案进行仿真模拟，构造“应对环境胁迫情景库”，为西沙珊瑚礁人工生态系统应对环境胁迫和保护修复提供理论支持和实践参考。

表 5.2 主要参数设置简表

序号	变量	现状值	调控值 A	调控值 B	相关方程式
1	长棘海星暴发	0	1	3	IF THEN ELSE(Time>=2020,(Time−2020)*暴发率*长棘海星暴发规模*RANDOM UNIFORM (50,100,1),0)
2	陆源沉积	1	0.5	0	RANDOM UNIFORM(0,5,1)*陆源沉积

注：①序号 1 代表长棘海星暴发规模的大小，数值越大表示长棘海星暴发的数量越多；②序号 2 代表从陆地向海域排放的沉积物，数值越小表示陆源沉积物输入越少。

5.2.1 应对单因子胁迫西沙珊瑚礁人工生态系统动力学动态仿真模拟

如前文所述，在气候变化造成的海洋变暖和海洋酸化等环境胁迫因子下，人类很难通过有效手段来控制珊瑚礁生态系统退化。因此，在应对环境胁迫的动态仿真模拟中选择了长棘海星移除和进行陆源沉积调整两类应对策略进行仿真模拟，构建出能代表珊瑚礁群落动态变化趋势和发展规律的应对情景（图 5.4），用于指导不同调控策略下的系统演化特征。

由长棘海星暴发情景 A_1 和 A_2 模拟可以看出，长棘海星移除能够有效提高珊瑚的面积及西沙珊瑚礁生态系统的稳定性。随着长棘海星移除规模的不断扩大，长棘海星全部移除时间也由 A_1 情景的 2048 年提前至 A_2 情景的 2034 年，提前了 14 年。与之对应的珊瑚面积大幅增加，两种长棘海星暴发情景下，研究末期珊瑚的面积分别达到 96hm^2 和 112.99hm^2，较研究末期基础模拟结果分别提高 8.2%和 27.3%。从珊瑚面积的变化趋势看，西沙珊瑚礁生态系统有所恢复，结构和功能不断完善。

由陆源沉积情景 A_2 和 B_2 模拟可以看出，陆源沉积输入量的大幅减少能够有效提高珊瑚的面积。随着陆源沉积物含量的不断减少，研究末期珊瑚的面积也在不断增加，由 A_2 情景的 92.76hm^2 增加到 B_2 情景的 128.83hm^2，较研究末期基础模拟结果分别提高 4.5%和 45%，西沙珊瑚礁生态系统结构和功能不断完善。尽管西沙海域陆源沉积物的含量不可能减少为 0，但这依然代表了应对此环境胁迫因子的整体趋势。

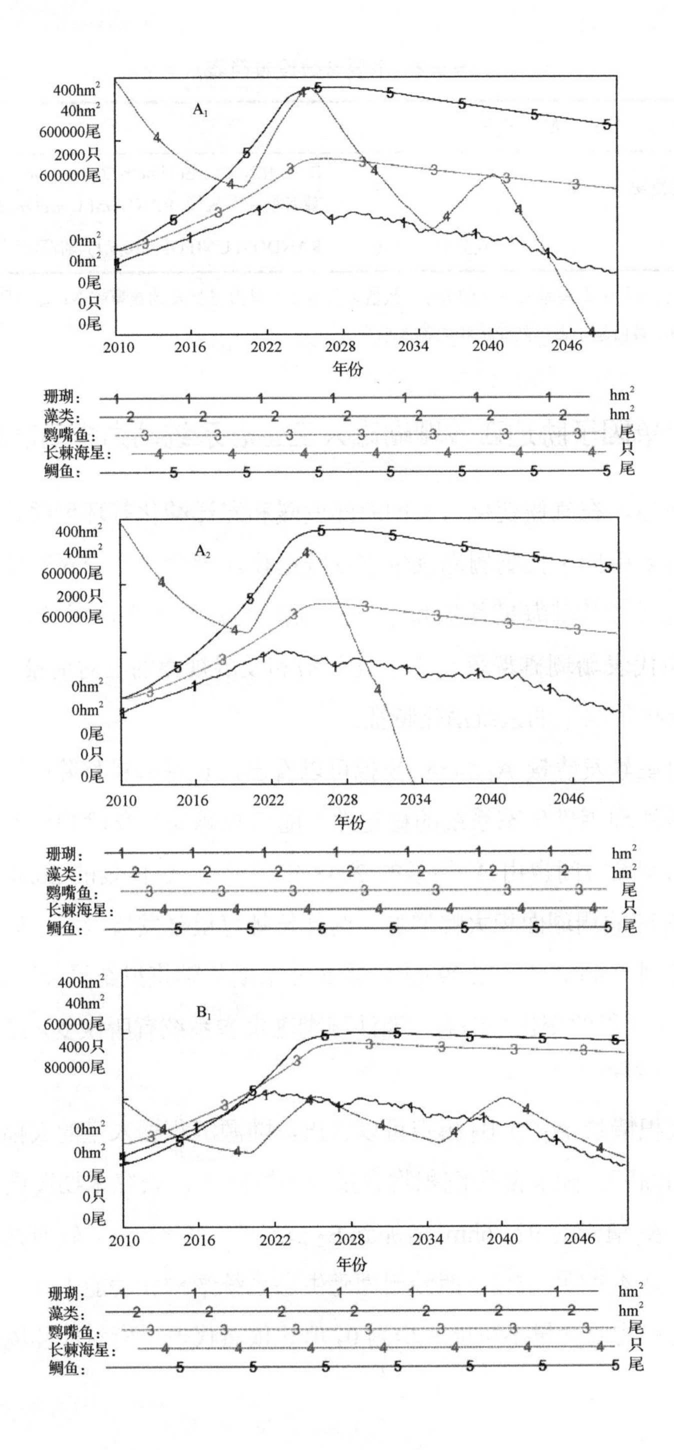

A1
400hm2
40hm2
600000尾
2000只
600000尾
0hm2
0hm2
0尾
0只
0尾
2010
2016
2022
2028
2034
2040
2046
年份
珊瑚：
藻类：
鹦嘴鱼：
长棘海星：
鲷鱼：
hm2
hm2
尾
只
尾
A2
400hm2
40hm2
600000尾
2000只
600000尾
0hm2
0hm2
0尾
0只
0尾
年份
珊瑚：
藻类：
鹦嘴鱼：
长棘海星：
鲷鱼：
B1
400hm2
40hm2
600000尾
4000只
800000尾
0hm2
0hm2
0尾
0只
0尾
年份
珊瑚：
藻类：
鹦嘴鱼：
长棘海星：
鲷鱼：

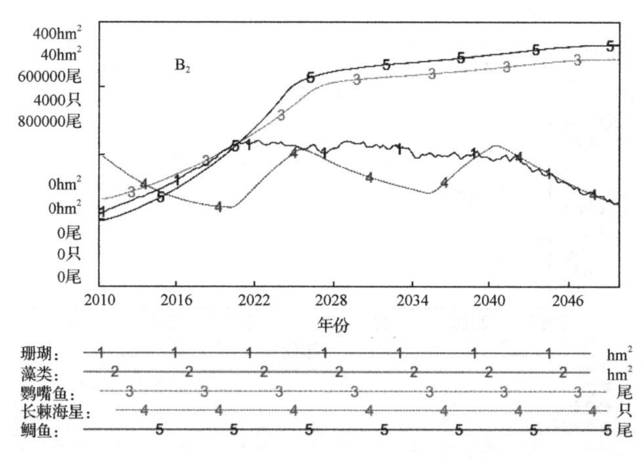

图 5.4　西沙珊瑚礁生态系统动力学模拟结果——单因子应对

5.2.2　应对多因子胁迫西沙珊瑚礁人工生态系统动力学动态仿真模拟

本节依据变量调控和研究目的进行组合设置，在单因子的基础上叠加调控变量，对西沙珊瑚礁生态系统进行模拟，构建能代表珊瑚礁群落动态变化趋势和发展规律的适应性情景（图 5.5），用于指导不同调控策略下的系统演化特征。

由 A_1A_2、B_1B_2、A_1B_2 和 B_1A_2 四类典型应对情景分析可知，与单独调控某一个环境胁迫因子相比，调控多个环境胁迫因子来改善西沙珊瑚礁生态系统更加有效。其中 B_1B_2 模拟情景下，研究末期珊瑚的面积最大，达到 173.17hm^2，较基础模拟结果增加 95%，西沙珊瑚礁生态系统结构和功能最完善，珊瑚礁生态系统的保护和修复效果最佳。

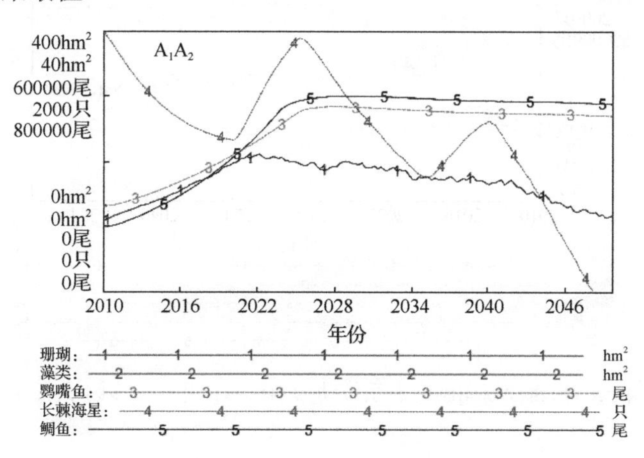

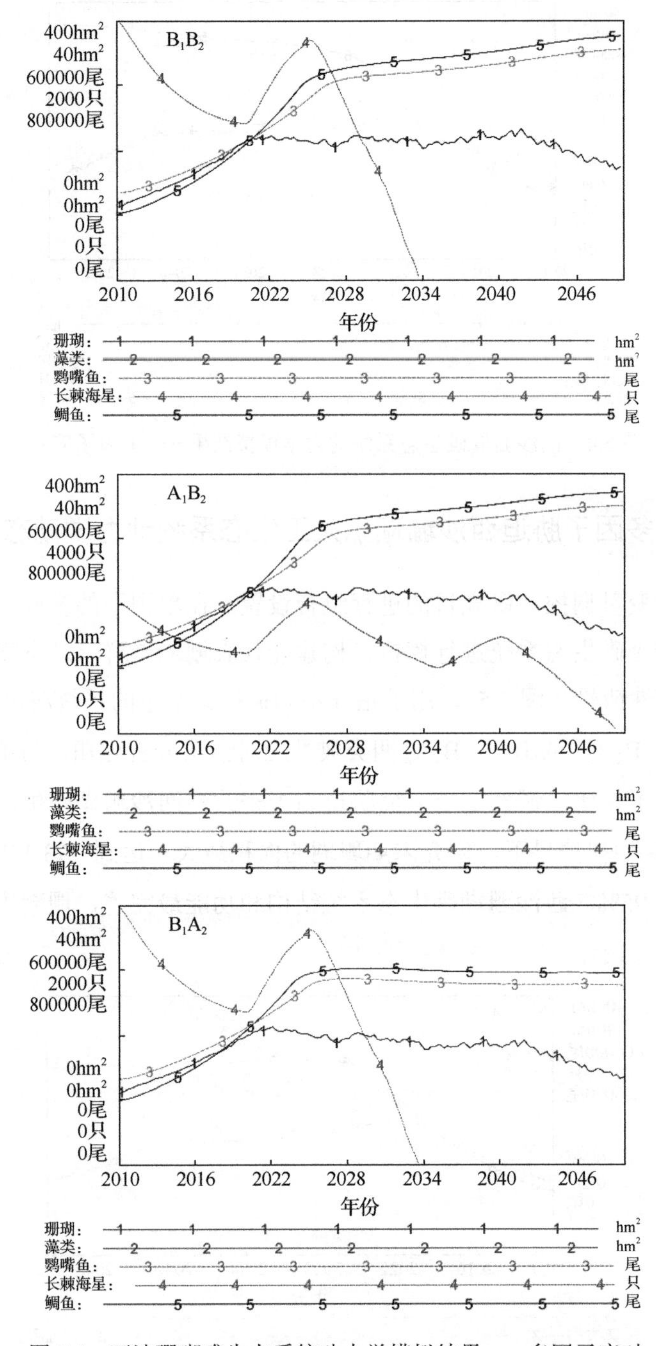

图 5.5 西沙珊瑚礁生态系统动力学模拟结果——多因子应对

通过上述情景实验设计可以得出以下结论。

（1）长棘海星大规模移除会显著改善西沙珊瑚礁生态系统的结构和功能，有助于西沙珊瑚礁生态系统的保护和修复。如能在长棘海星暴发前后合理实施长棘海星移除，那么西沙珊瑚礁生态系统的保护和修复工作会有明显改观。

（2）针对单一环境胁迫因子进行模拟不能明显改善甚至扭转西沙珊瑚礁生态系统退化趋势的情况，可针对多种环境胁迫因子，综合施策，共同应对西沙珊瑚礁生态系统的退化问题，达到保护和修复的目的。

6 西沙珊瑚礁人工生态修复动态仿真模拟研究

6.1 西沙珊瑚礁生态系统动力学模型构建

系统动力学因其擅长解决高阶次、多回路和非线性的复杂时变系统问题，被誉为“政策实验室”，一般多用于社会、经济、环境和管理等领域，其成功应用于自然生态系统，尤其是珊瑚礁生态系统的仿真模拟研究仍比较少。系统动力学作为一种非唯象的“事理学”方法，具有内生性和反馈性两个鲜明特点，而珊瑚礁的退化过程与复杂系统的演化规律具有较高的一致性。因此，基于上述研究基础，从系统论的角度研究珊瑚礁生态系统的整体演变过程可能是一个很好的选择。

6.1.1 系统结构与回路

西沙珊瑚礁生态系统是一个开放的复杂巨系统，无时无刻与周围环境进行着频繁的物质、能量和信息的交换，因而不是一个封闭和孤立的空间。本模型以造礁石珊瑚为核心，基于改善退化的珊瑚礁生态系统结构与功能为目的进行建模[168]。西沙珊瑚礁生态系统模型结构图如图 6.1 所示。

造礁石珊瑚作为西沙珊瑚礁系统中最主要的贡献者[40]，不仅为大部分礁区生物提供生境支持，更是礁体建造中的主要造礁物种，因此，西沙珊瑚礁生态系统保护和修复都应围绕造礁石珊瑚来展开。

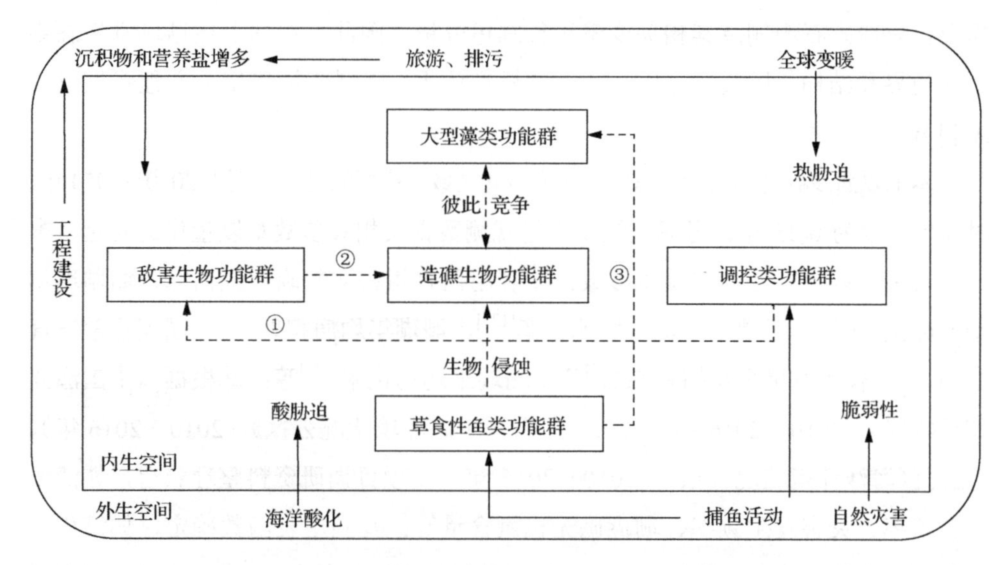

图 6.1　西沙珊瑚礁生态系统模型结构图

注：①②③都表示捕食作用

系统的内生变量是造礁生物功能群，系统的外生变量由影响珊瑚礁生物存活的环境因子组成，主要包括全球气候变化和人类活动。全球气候变暖引起的海水表层温度（sea surface temperature,SST）上升常被认为是珊瑚大规模白化事件的主要原因[169-170]，但其具体模式尚不清楚。海洋酸化是导致造礁石珊瑚等造礁生物的钙化率降低的直接原因，其使珊瑚礁溶解速度加快，受损风险加大[171]。受全球气候变化影响，台风、风暴潮等自然灾害发生的频率和强度不断增加[172]，也对珊瑚礁系统的完整性和稳定性造成巨大的破坏。此外，旅游、排污、工程建设和不合理的捕鱼方式等人类活动对珊瑚礁区造成的不利影响也愈发明显。有研究表明，造礁石珊瑚对沉积物和营养盐的增多尤为敏感[173]，这对珊瑚的补充、发育和钙化等过程十分不利，但却促进了大型藻类和长棘海星等生物的生长，进而在相关食物链中对珊瑚礁生态系统的演变状态造成胁迫。

6.1.2　模型变量及流图构建

1. 模型变量及数据来源

本模型构建时并非对涉及的所有结构和过程进行描述，而是根据研究目标和需要，对造礁石珊瑚及其相关变量进行阐述分析。因此，依据上述珊瑚礁生态系统的边界和结构，尽量简化系统动力学模型体系，模型变量和相关方程式见附录A和B。

本书以西沙群岛的西沙生态监控区为研究区域，模型的时间范围为2010～2050年，时间步长设为0.25年。考虑到缺少大量观测数据及相关参数难以量化的问题，本书主要采取以下方法确定模型参数：①利用已有相关文献确定或估算，如珊瑚年均产卵频率[174]、活珊瑚年均自然死亡率[175]、珊瑚年均病害率[176]、珊瑚正常发育时间[177]、长棘海星平均捕食系数[178]、珊瑚平均钙化率[179]等；②根据《中国渔业统计年鉴》（2010—2016年）、《海南省海洋生态环境状况公报》（2010—2016年）、《南海区海洋环境状况公报》（2010—2016年）及项目调研资料整理获得，如活珊瑚覆盖率、灾害发生频率、珊瑚礁无机氮含量等；③利用表函数确定，如沉积物对珊瑚礁碳酸盐生产力的影响、沉积物对珊瑚发育时间的影响[180]、营养盐对大藻发育时间的影响[181]、底质清理影响表函数、底播生物影响表函数等；④利用德尔菲法、趋势外推法推算，如珊瑚礁衰退时间、平均耗散因子、无机氮溶解因子等；⑤基于模型的多次模拟运行所得，如珊瑚自然恢复率、人类活动强度等。

2. 流图构建过程及说明

基于Vensim DSS平台软件绘制相关系统动力学流图。模型整体共分为两大模块，分别是西沙珊瑚礁生态系统动力学流图和西沙珊瑚礁受损诊断修复流图，两者实为同一模型中运行，此处先介绍西沙珊瑚礁生态系统动力学模型流图（图6.2）。根据珊瑚礁功能群组间关系，图6.2基本划分三个子系统，即大型藻类子系统、珊瑚类子系统和其他生物子系统（包括草食性鱼类功能群、敌害类生物功能群和调控类生物功能群）。

1）大型藻类子系统

该子系统主要描述的是大藻的自然生长过程和大藻与珊瑚间的空间竞争关系。其中，大藻的生长发育除受自身繁殖能力的影响，还受到营养盐和沉积物的强烈影响。当海域中的营养盐浓度升高时，大型藻类的生长速率会显著加快。显然，大型藻类更加适宜生存在高营养盐浓度的海域中。而在西沙珊瑚礁海域，由于海水水质常年处于国家一类标准，无机氮平均溶解量应小于0.2mg/L。

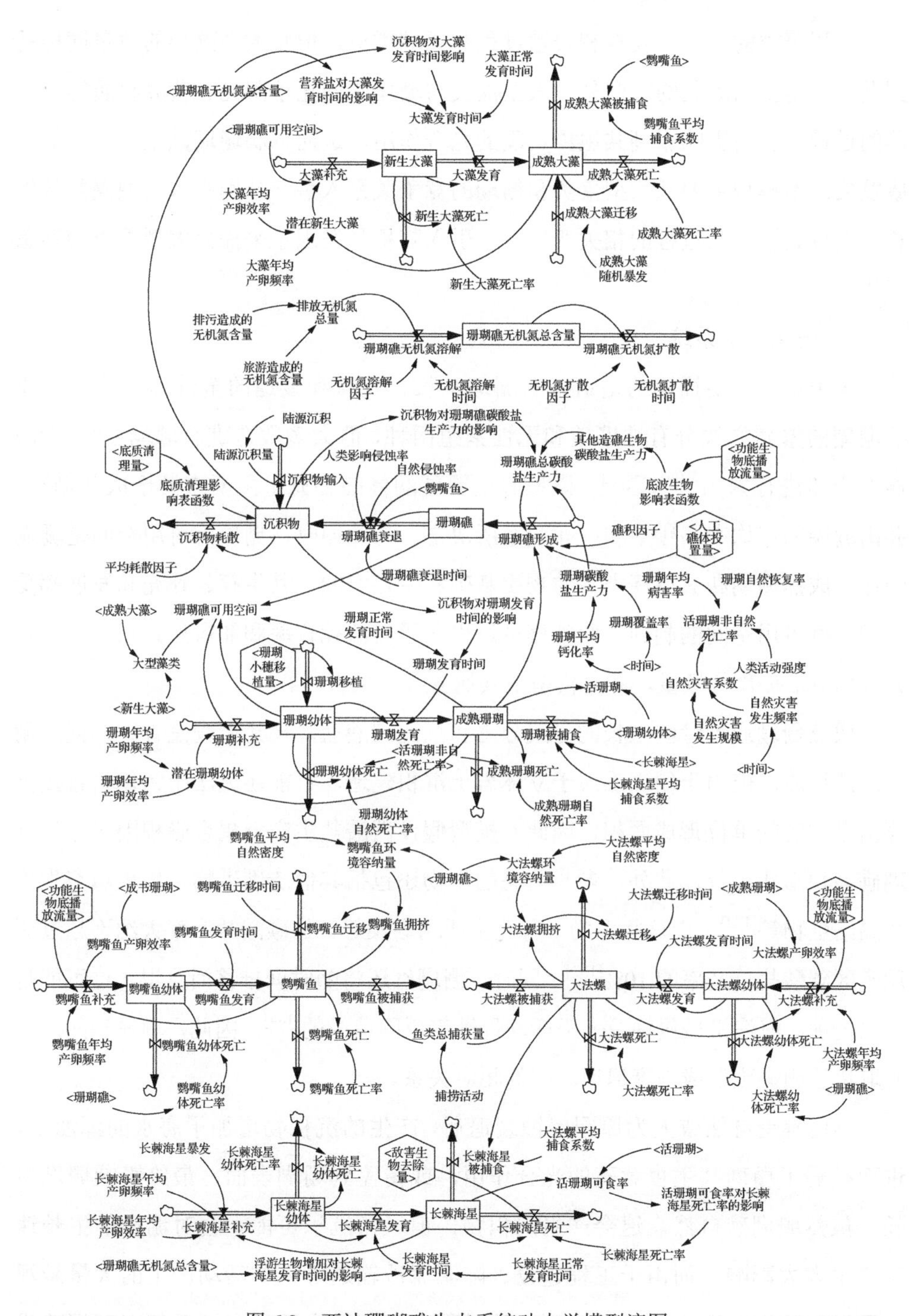

图 6.2 西沙珊瑚礁生态系统动力学模型流图

大型藻类的生长、发育和繁殖过程与珊瑚类似，但是大型藻类的数量同样受到珊瑚可用空间的制约。此外，大型藻类与珊瑚共同竞争阳光、营养物质等，大藻的过量生长会影响珊瑚共生虫黄藻的光合作用，进而抑制珊瑚礁生态系统的健康发展。本模型主要从大型藻类和珊瑚的竞争关系入手，分别引入大型藻类从生长、发育到繁殖全过程的相关变量，并引入随机暴发因子来探究大型藻类的动态变化。

2）珊瑚类子系统

该子系统主要描述的是造礁石珊瑚生长、发育和衰退的全过程。其中，成熟珊瑚的繁殖方式分有性繁殖和无性繁殖两种，但大多数造礁石珊瑚（约 75%）通过产卵进行繁殖[106]，因此，模型假设珊瑚幼体的补充量主要来源于成熟珊瑚，并由珊瑚的年均产卵频率和产卵效率所决定。与此同时，珊瑚礁可用空间是珊瑚幼体、成熟珊瑚和大型藻类等的物质基础和生存空间，其生存、补充和发展都受到珊瑚礁可用空间的制约。此外模型还引入了自然死亡率和非自然死亡率，二者共同影响活珊瑚的数量，并对模型中其他变量产生影响。

成熟珊瑚通过骨骼生长的方式分泌和沉淀碳酸盐，构建珊瑚礁骨架，促进珊瑚礁的形成。但由于珊瑚礁属于立体岩土沉积建造，目前还无法用钙化率直接推算出珊瑚礁的单位形成面积，因此，模型假设碳酸盐生产力耦合礁积因子作为珊瑚礁面积形成单位。此外，参与造礁的生物还包括其他造礁生物、堆积填充生物和黏结生物等[182]，而这些生物（有孔虫或珊瑚藻等）的碳酸盐产率大约不超过珊瑚礁区碳酸盐总产率的 10%[183]。同时，珊瑚礁还将随时间推移而衰退，这可能是生物侵蚀、海浪机械侵蚀及人类活动侵蚀等原因造成的[184]，因此，珊瑚礁的总量应取决于珊瑚礁形成与衰退速率间的相对关系。

珊瑚礁受自然或人为原因侵蚀衰退后，产生的沉积物增加了海水的浑浊度，进而减弱了珊瑚共生虫黄藻的光合作用，或覆盖到珊瑚表面，最终影响珊瑚生长。虽然珊瑚礁自然衰退会产生沉积物，但轻微沉积可能不会对珊瑚的生长速率产生太大影响。而由于工程建设、陆源泥沙输送等人类活动产生的大量悬浮物及沉积物则对珊瑚的生长、钙化等过程有害，结合西沙海域近年来工程建设和人类活动的增多，加入了陆源沉积调控因子。同时，模型还设置了沉积物对珊瑚碳酸盐生产力和珊瑚发育时间影响的表函数反映它对珊瑚生长产生的消极影响。

3）其他生物子系统

该子系统主要描述的是草食性鱼类（鹦嘴鱼）、敌害类生物（长棘海星）和调控类生物（大法螺）三种功能礁栖生物的生长过程和相互制约作用。其中，鹦嘴鱼的生长与大藻和珊瑚相似，都是通过产卵繁衍后代，但其增长还受环境容纳量（即栖息地和自然密度大小）的限制，当鹦嘴鱼数量超过其承载力过度拥挤时，鹦嘴鱼便会迁移到其他的珊瑚礁地区。珊瑚礁为这类喜礁生物提供生境的同时，还在改善鱼类产卵效率和降低幼鱼死亡率方面发挥了积极作用，模型以表函数的形式假设它们之间的相关性。大法螺与鹦嘴鱼的生长发育过程类似，均受到以上因果关系的影响。此外，模型定义鱼类总捕获量为鹦嘴鱼和大法螺的被捕捞数量，且两者同时受捕捞活动的直接影响。

长棘海星作为珊瑚捕食者，生长模式同上述生物相似，是以产卵的方式进行繁殖的。但其数量过度增长便会出现海星大面积暴发的现象，目前被广泛接受的假说之一是陆源营养盐导致其幼体饵料的浮游生物数量增多[185]，从而使长棘海星泛滥，也有科学家认为其与海星捕食者消失或厄尔尼诺事件发生的时间有关。因此，模型中设置了长棘海星暴发因子和礁区无机氮含量的反馈影响。然而，活珊瑚的大量减少也会对长棘海星形成负面效应，模型中假设可捕食活珊瑚的减少会一定程度加速长棘海星的死亡。

6.1.3 模型检验

模型建立后，应该经过一系列检验方法验证模型本身的正确性，基于研究目的的模型验证则更加有效。本章构建的珊瑚礁系统动力学模型并不是为了精准预测，而是探讨复杂珊瑚礁生态系统的未来发展趋势，并从系统的角度分析未来珊瑚礁生态系统的演化机理。

本书经过多次“模拟-修正-模拟”的调试及专家咨询，通过结构性检验、行为性检验和真实性检验。

6.1.4 结果与分析

模型假设初始活造礁石珊瑚面积为110hm^2（包括珊瑚幼体10hm^{2}和成熟珊瑚100hm^2），初始珊瑚礁面积为300hm^2，初始大型藻类面积为40hm^2，初始鹦嘴鱼和大法螺各20万尾（只），初始长棘海星为2000只[①]，初始沉积物为10hm^2，初始珊瑚礁无机氮含量为0.02mg/L。

基于模型的因果关系和参数值，在不考虑其他因素干扰的情况下，对珊瑚礁生态系统动力学模型进行动态仿真模拟。基础模拟结果显示（图6.3）：活珊瑚覆盖面积呈先下降后上升的趋势，整体变化较为波动，相比于2010年的初始值，最大降幅为19.32%，最大涨幅为5.31%。珊瑚礁覆盖面积在2011～2024年虽有所下降，但总体仍呈上升趋势。截至2050年活珊瑚和珊瑚礁面积各达到115.14hm^{2}和319.15hm^2，年均增长率分别为0.12%和0.16%。其中，活珊瑚面积前期下降的原因，可能是长棘海星的初始值设置接近其平均承载量，而其调控类生物还未明显增多。系统发展后期，伴随大法螺数量的增加及被捕食活珊瑚数量的减少，活珊瑚面积后续才得以增长。

鹦嘴鱼和大法螺数量基本呈逐年增长态势，其中，大法螺因受环境容纳量的限制，数量最终保持在50万尾左右。然而，正由于前两者数量的共同增加，大型藻类不到一年便消失，长棘海星也递减至2044年消亡。从模型各变量的增减趋势来看，活珊瑚和珊瑚礁的覆盖面积与鹦嘴鱼和大法螺数量之间的正相关性较强，而大型藻类和长棘海星则由于二者天敌数量的增加，与活珊瑚和珊瑚礁面积呈现负相关。总体来看，珊瑚礁群落基本保持平衡发展态势，但活珊瑚和珊瑚礁面积平均增长速度过慢，生态系统的鲁棒性较弱，且该预测结果仅基于上述较为乐观条件下模拟所得。因此，根据现实珊瑚礁生态系统的复杂性与不确定性，有必要对系统发展过程中的潜在情景进行综合模拟，以进一步探寻珊瑚礁群落的演变发展规律。

---

① 按已有研究估算，模型初始活珊瑚覆盖率11.6%情况下，300hm^{2}珊瑚礁大约可支撑2000只长棘海星。

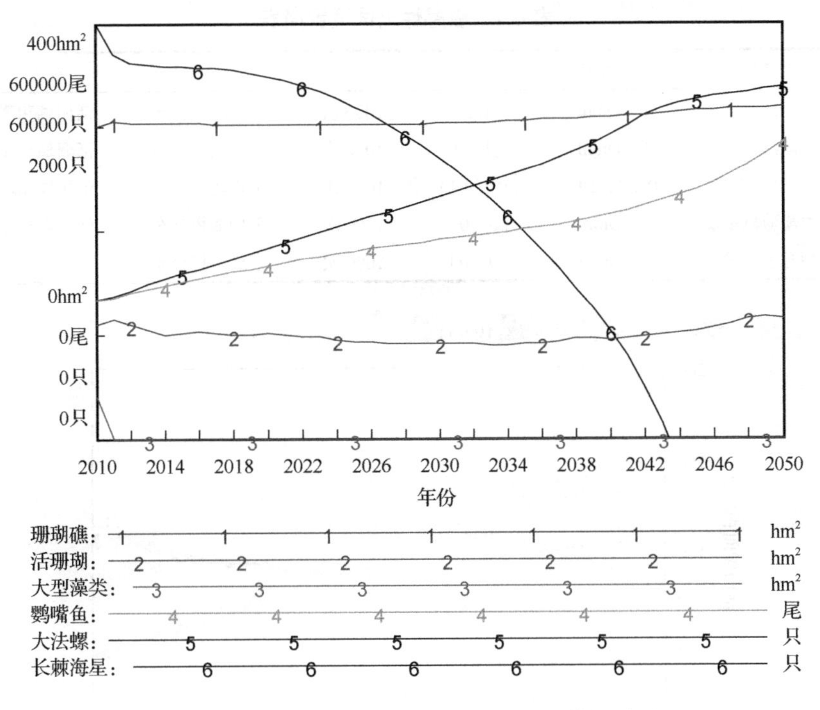

图 6.3　西沙珊瑚礁生态系统动力学模型模拟结果

6.2　敏感性分析

模型建立后，通过敏感性分析，可以直观地模拟观测变量对控制变量的敏感程度及作用轨迹。模型依据西沙珊瑚礁复杂生态系统的特征而建，对功能群结构既定参数的敏感性测试并无实践意义，因此，针对模型中拟构建的调控变量进行敏感性测试以分析其关键影响程度，为进一步的多情景诊断修复和适应性管理奠定基础。选取模型中捕捞活动、陆源沉积、排放无机氮总量、成熟大藻随机暴发和长棘海星暴发进行敏感性测试（表 6.1）。其中，捕捞活动、陆源沉积和排放无机氮总量均在变量初始值基础上增加一倍，观察其政策敏感性（图 6.4～图 6.9）。而成熟大藻随机暴发和长棘海星暴发则依据灾害突发的随机性，设置 0～10 调控区间（即最大增长约为变量初始值的两倍）的暴发规模（图 6.10～图 6.13）。

表 6.1　敏感性测试设置简表

控制变量	初始值	调控区间	运行次数	分布方式	观测变量
捕捞活动	1（Dmnl）	[1, 2]	1000 次	平均随机分布	活珊瑚和珊瑚礁
陆源沉积	1（Dmnl）	[1, 2]	1000 次	平均随机分布	活珊瑚和珊瑚礁
排放无机氮总量	0.2（mg/L）	[0.2, 0.4]	1000 次	平均随机分布	活珊瑚和珊瑚礁
成熟大藻随机暴发	0（Dmnl）	[0, 10]	1000 次	平均随机分布	活珊瑚和珊瑚礁
长棘海星暴发	0（Dmnl）	[0, 10]	1000 次	平均随机分布	活珊瑚和珊瑚礁

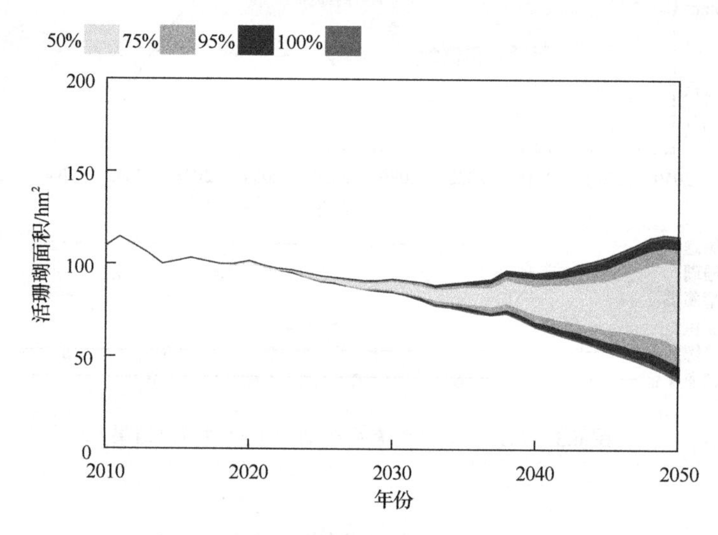

图 6.4　捕捞活动与活珊瑚敏感性测试结果

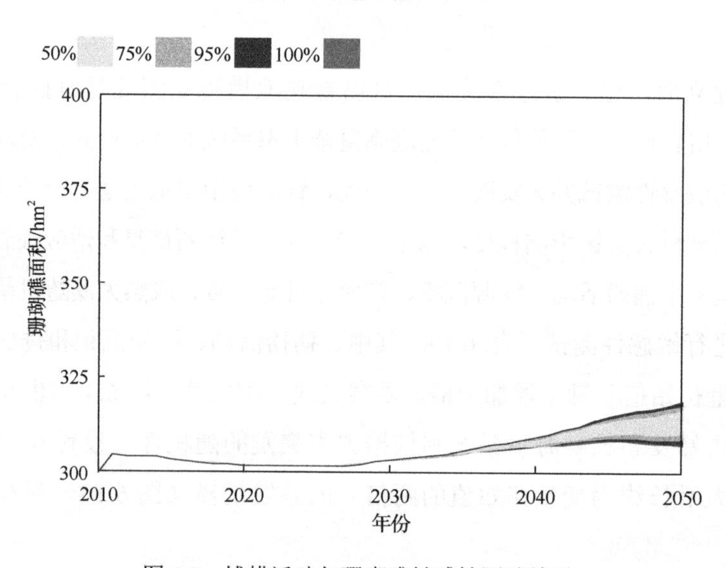

图 6.5　捕捞活动与珊瑚礁敏感性测试结果

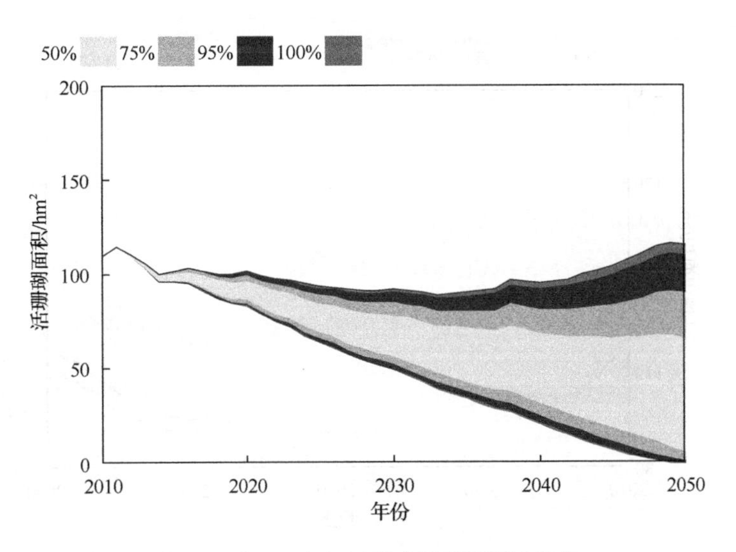

图 6.6 陆源沉积与活珊瑚敏感性测试结果

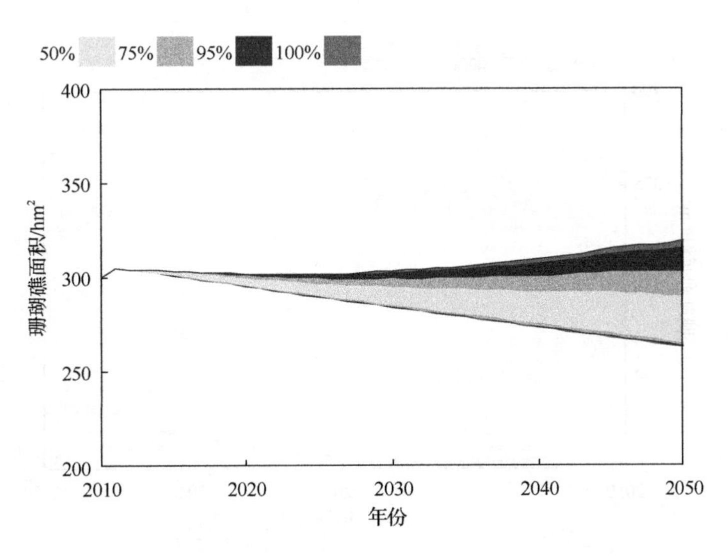

图 6.7 陆源沉积与珊瑚礁敏感性测试结果

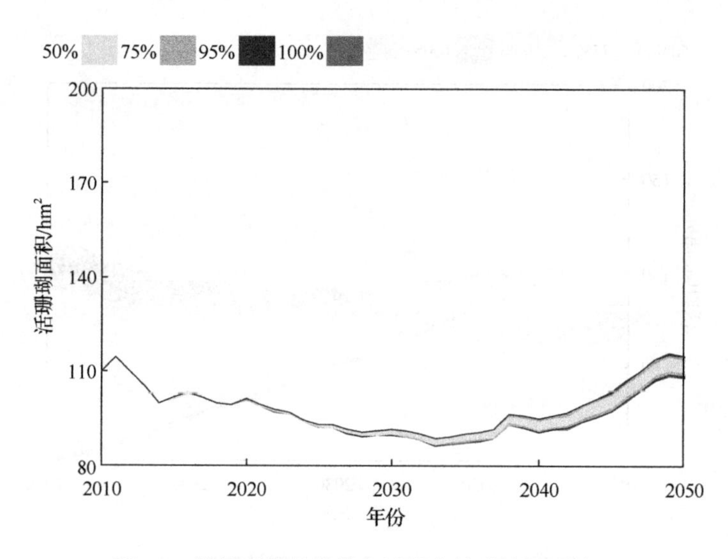

图 6.8　排放无机氮总量与活珊瑚敏感性测试结果

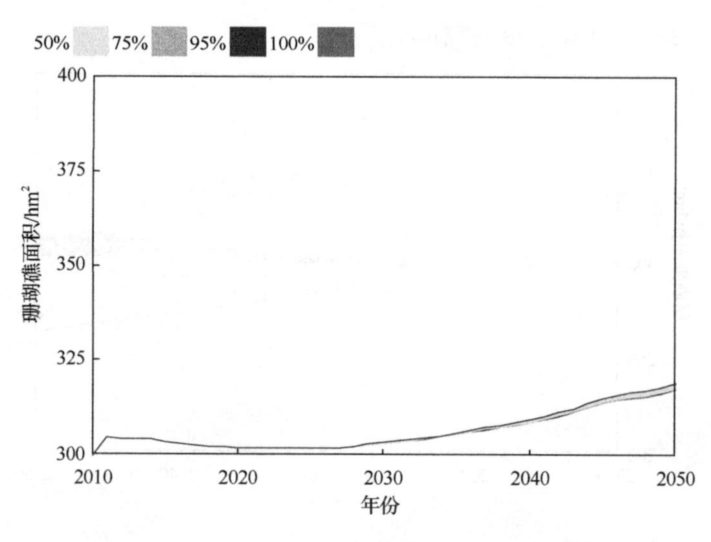

图 6.9　排放无机氮总量与珊瑚礁敏感性测试结果

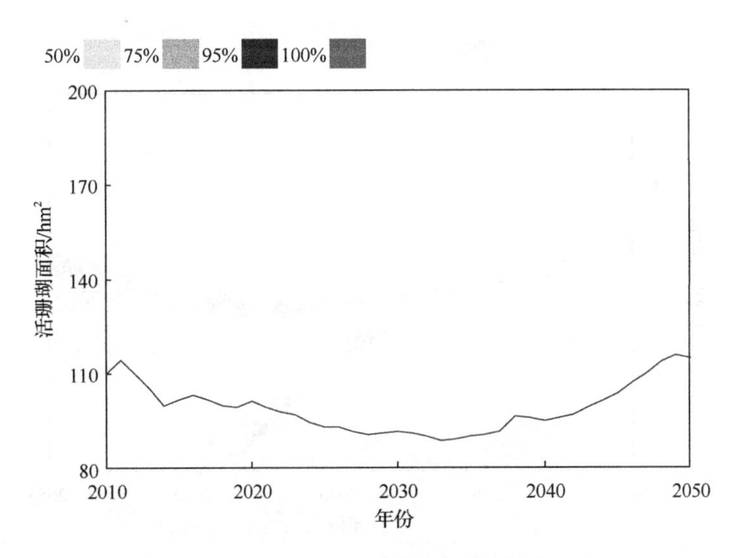

图 6.10　成熟大藻随机暴发与活珊瑚敏感性测试结果

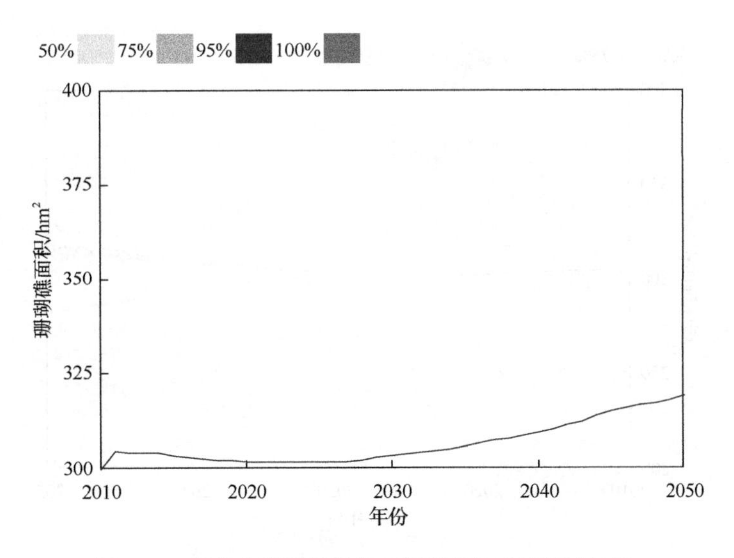

图 6.11　成熟大藻随机暴发与珊瑚礁敏感性测试结果

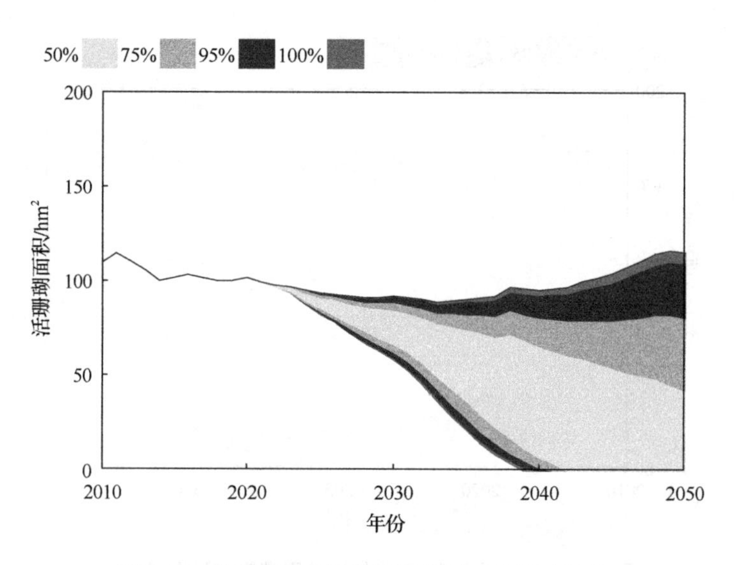

图 6.12　长棘海星暴发与活珊瑚敏感性测试结果

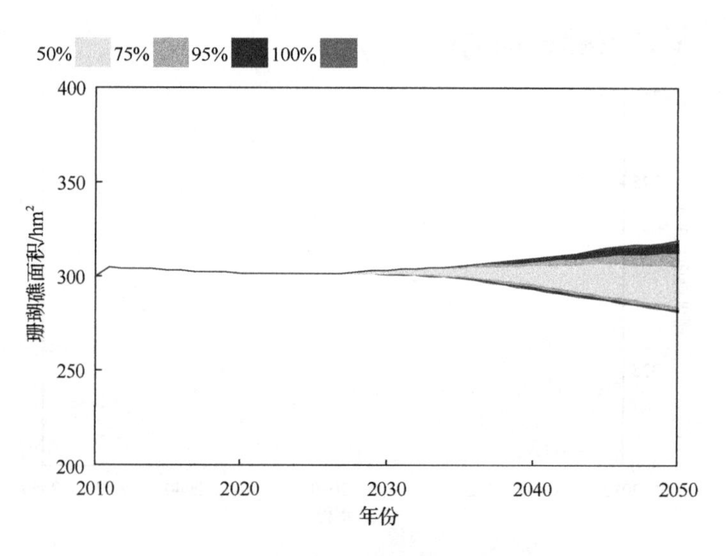

图 6.13　长棘海星暴发与珊瑚礁敏感性测试结果

由图 6.4～图 6.9 可知，捕捞活动、陆源沉积和排放无机氮总量的变化都会不同程度地引起模拟结果的变动，且均导致活珊瑚和珊瑚礁面积的下降。其中，陆源沉积的增长对模拟结果的影响最大，捕捞活动次之，排放无机氮总量造成的影响最小。因此，对于珊瑚礁生态修复，捕捞活动和陆源沉积的调控应是修复过程中需要重点考虑的人为因素，也是珊瑚礁完整性诊断中需要从不同反馈层重点关注的因素。

由图 6.10～图 6.13 可知，成熟大藻随机暴发和长棘海星暴发的变化导致模拟结果的相差巨大。其中，活珊瑚和珊瑚礁对长棘海星暴发的数值增长敏感性最大，且均导致两者面积的下降，而对成熟大藻随机暴发的数值增长几乎不敏感，这可能是由于大藻捕食者的存在，大型藻类无法连续增长。因此，对于珊瑚礁生态修复，长棘海星数量的调控应是诊断和修复过程中需要首要考虑的因素，而成熟大藻的数量则应综合考虑其生物反馈关系和与珊瑚竞争过程中的潜在影响，同时这也是该随机变量设置的初衷。

6.3　多情景模拟

珊瑚礁生态系统在自然因素和人类活动的双重影响下，呈现出快速退化状态，珊瑚礁生态系统的结构和功能受到严重损害。与敏感性分析相比，进行多情景模拟可以通过调控有关变量，形成大量模拟情景，有助于分析珊瑚礁生态系统不同状态的演化机制，为珊瑚礁生态系统的诊断和修复提供理论参考和实践基础。因此，根据研究区概况和校验模型，主要设置了人类活动和生物灾害暴发两大类干扰情景。

6.3.1　人类活动干扰

人类活动是具有主动意识的行为，对珊瑚礁群落的演变可能有着更为直接而复杂的影响。为进一步分析这部分外生变量对珊瑚礁系统的扰动机制，对模型中拟建的与西沙珊瑚礁管理和实践紧密联系的三类可调控因子，即捕捞活动、陆源沉积和排放无机氮总量（表 6.2）进行多情景模拟实验。

表 6.2　人类活动干扰情景参数设置简表

序号	变量	现状值	调控值 A	调控值 B	相关方程式	变量含义
1	捕捞活动	1	2	3	鱼类总捕获量=RANDOM UNIFORM (8000, 12000,1)*捕捞活动	表示捕捞强度的大小，数值越大，代表年平均渔获量越多
2	陆源沉积	1	1.5	2.5	陆源沉积量=RANDOM UNIFORM (0,5, 1)*陆源沉积	表示从陆地向海域排放的沉积物，数值越大，代表陆源沉积物输入越多
3	排放无机氮总量/(mg/L)	0.2	2	4.5	排放无机氮总量=排污造成的无机氮含量+旅游造成的无机氮含量	表示人类活动排放的无机氮含量，数值越大，代表溶解到珊瑚礁的无机氮含量越多

首先，通过对某一调控因子进行连续多次调整，识别出该变量对系统变化的敏感阈值。其中，调控变量的活造礁石珊瑚消亡阈值分别是：捕捞活动（2.8），陆源沉积（2），排放无机氮总量（2.3mg/L）。群落优势种演替阈值分别是：捕捞活动（2.1），陆源沉积（2.1），排放无机氮总量（4.2mg/L）。

然后，依据变量的阈值进行组合设置，而不是简单的任意组合，可以构建出更能代表珊瑚礁群落动态变化趋势和发展规律的适应性情景。在阈值识别基础上，结合该地区的相关调查研究，并考虑模拟的可视性，总结出均低于阈值（A）和高于阈值（B）的两组政策变量调控值进行组合，最终筛选出 20 种代表性情景（图 6.14～图 6.16），用于指示不同调控策略下的系统演化特征。

1. 单因子扰动

如图 6.14 所示，由捕捞活动情景 A_1 和 B_1 可以看出，捕捞活动将直接影响鹦嘴鱼和大法螺的数量。当捕捞政策增至原来的两倍时，活珊瑚已出现逐年退化状态。当其继续增加至三倍时，鹦嘴鱼和大法螺数量迅速减少直至 2034 年前后消亡。受此影响，大型藻类在鹦嘴鱼消失两年后重新出现并开始生长，长棘海星也因大法螺数量的减少，数量逐年上升并在 2041 年出现峰值，而珊瑚天敌的增加又导致活珊瑚的数量逐渐减少。系统演化后期，珊瑚礁群落优势种发生演替，并逐渐由大型藻类所主导。

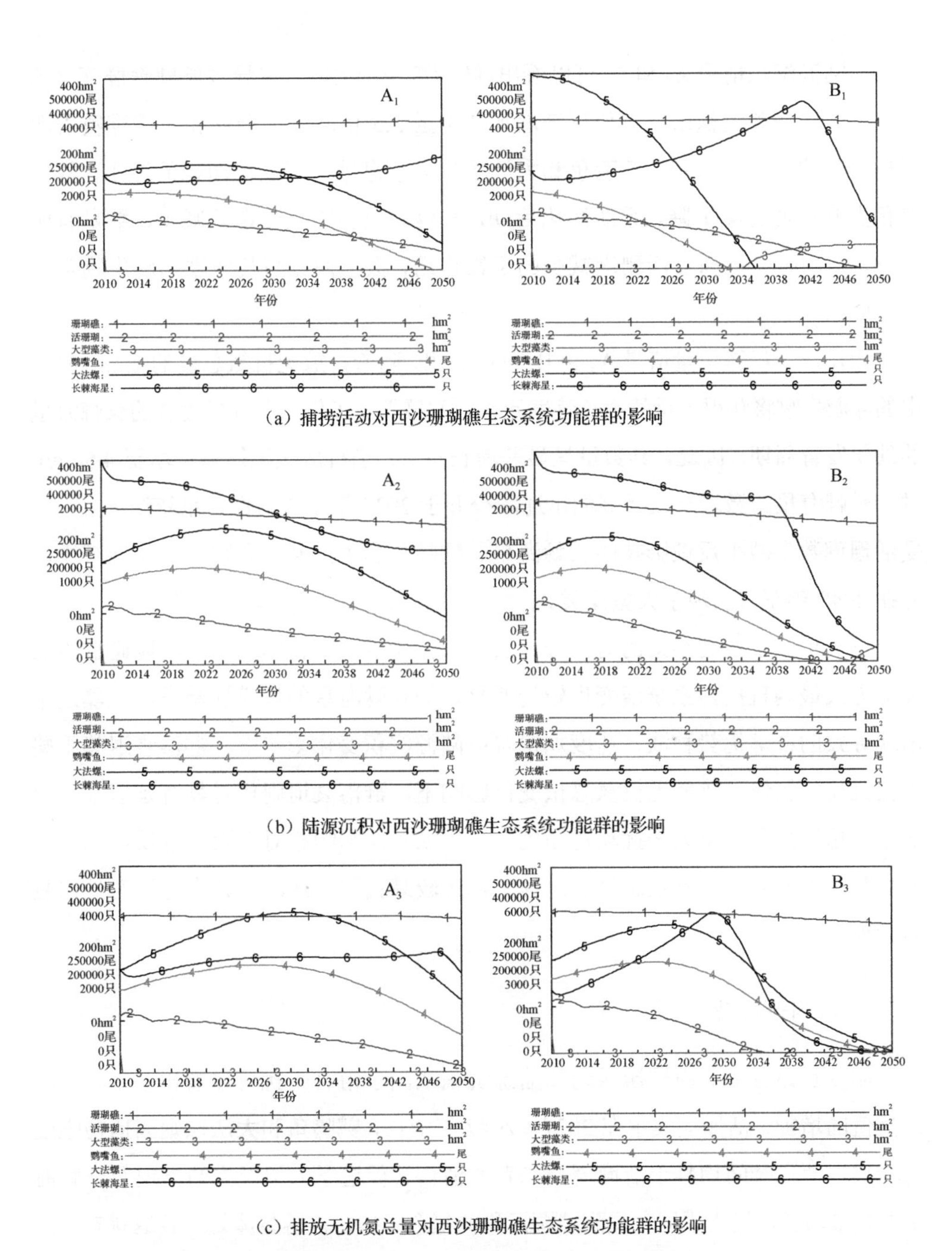

（a）捕捞活动对西沙珊瑚礁生态系统功能群的影响

（b）陆源沉积对西沙珊瑚礁生态系统功能群的影响

（c）排放无机氮总量对西沙珊瑚礁生态系统功能群的影响

图 6.14　单因子扰动对西沙珊瑚礁生态系统功能群的影响

由陆源沉积情景 A_2 和 B_2 可以看出，陆源沉积物的输入将导致珊瑚礁群落整体的衰退。当陆源沉积由现状值逐渐增加 1.5 至 2.5 倍时，活珊瑚和珊瑚礁覆盖面积均呈现快速下降态势，鹦嘴鱼和大法螺也因栖息地及可庇护面积的缩小，数量累积上升后便连续下降。系统演化后期，长棘海星虽因大法螺的减少，数量有所回升，但同时受可捕食活珊瑚减少的反馈作用，数值曲线与其他珊瑚礁生物类一同下降。

由排放无机氮总量情景 A_3 和 B_3 可以看出，随着排放无机氮总量的增加，海水中的浮游生物将获得大量的生长营养元素，间接缩短了作为珊瑚捕食者的长棘海星的幼年发育周期，因此，其数量呈显著增长态势。当排放无机氮总量增至 4.5mg/L 时，长棘海星的激增导致活珊瑚迅速减少并于 2035 年左右消亡。系统演化后期，受活珊瑚数量减少反馈影响的长棘海星、鹦嘴鱼和大法螺三者数量也相继减少，并在 2049 年左右出现了大型藻类。

三类单因子扰动结果的对比分析表明：捕捞活动变化影响下，珊瑚礁群落的衰退方式最为直接，系统演变也较为明显，如长棘海星的规模性暴发、大藻过早出现导致的群落优势种演替速度加快等；陆源沉积变化影响下，群落衰退趋于整体化且速度较快；排放无机氮总量变化影响下，群落衰退则相对具有延展性和迟滞性。总体来看，单因子扰动对珊瑚礁群落的负面影响相对有限，且反馈结果较为直观，因而在珊瑚礁生态修复过程中，应较易找到“病源”并进行针对性修复与管理。

2. 双因子扰动

如图 6.15 所示，由捕捞活动和陆源沉积双因子组合干扰可以看出，随着两类调控值的增加，活珊瑚集中在 2037～2047 年消亡，鹦嘴鱼和大法螺则因捕捞强度的增加，消亡时间均早于活珊瑚。二者的消亡又促进了大型藻类的出现及长棘海星的数量增长，但由于同时受到陆源沉积的复合干扰，群落整体处于衰退状态，大型藻类和长棘海星的生物量增幅受限。

由捕捞活动和排放无机氮总量双因子组合干扰可以看出，随着两类调控值的增加，长棘海星和大型藻类从营养物质的获取到自身捕食者的减少，都极大地促进了两物种的生长和繁育。其中，2027 年 B_2 情景的长棘海星峰值密度约为 1684 只/km^2（按 300hm^2 珊瑚礁估算），大于大堡礁调查的长棘海星可能暴发密度的最低值 1500 只/km^2。此时，鹦嘴鱼和大法螺的消亡曲线与长棘海星和大型藻类增长曲线间的反差最为明显，珊瑚礁群落的演替程度也最为剧烈。

由陆源沉积和排放无机氮总量双因子组合干扰可以看出，活珊瑚和珊瑚礁因受陆源沉积的直接影响，整体处于快速退化状态，受正反馈影响的鹦嘴鱼和大法螺数量也相应减少。而长棘海星则因排放无机氮总量的增加和大法螺的减少，数量渐增并出现波峰，最终鹦嘴鱼、大法螺和长棘海星三条曲线的走向趋于一致，且消亡时间均晚于活珊瑚。

三组双因子扰动结果的对比分析表明：在原有的单因子扰动基础上，双因子扰动不仅复合了各单因子扰动的变化规律，还加快了活珊瑚与珊瑚礁的衰退速率，使珊瑚礁群落的发展变化轨迹更加多样化和复杂化，而从系统发展初期的时间截面来看，这种差异还不甚明显。总体来看，双因子扰动下珊瑚礁多重反馈关系的增强，导致系统出现了大量异因同果的情况，这无疑增加了珊瑚礁诊断和精准修复的难度。因此，在珊瑚礁生态修复过程中，应综合考虑关键变量的正负反馈关系及可能产生的阈值效应，从多尺度调控和把握系统发展态势。

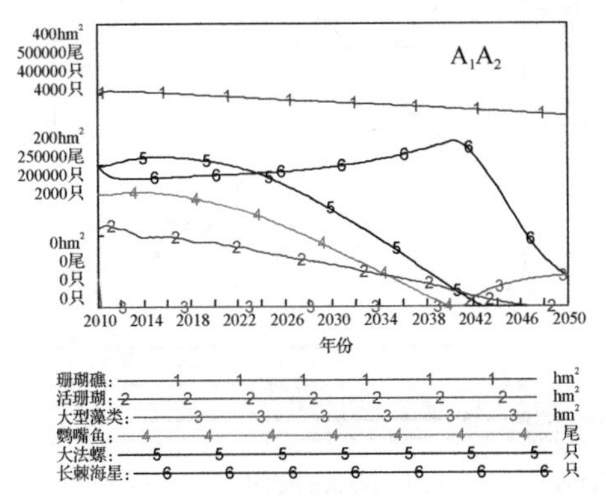

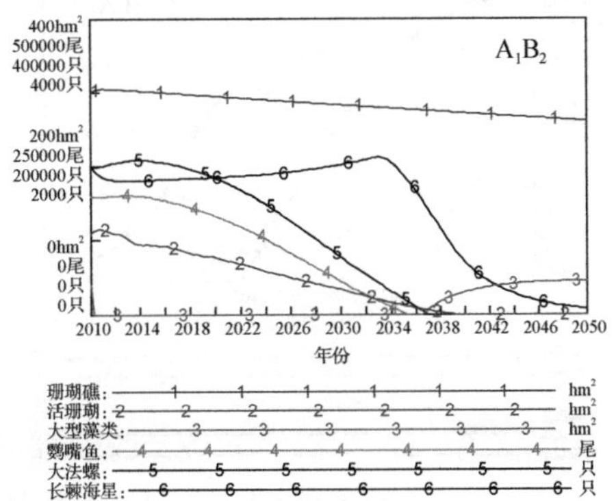

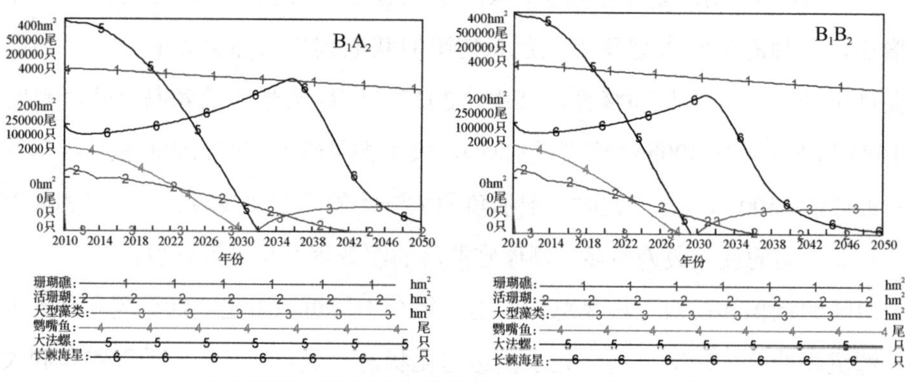

（a）捕捞活动-陆源沉积对西沙珊瑚礁生态系统功能群的影响

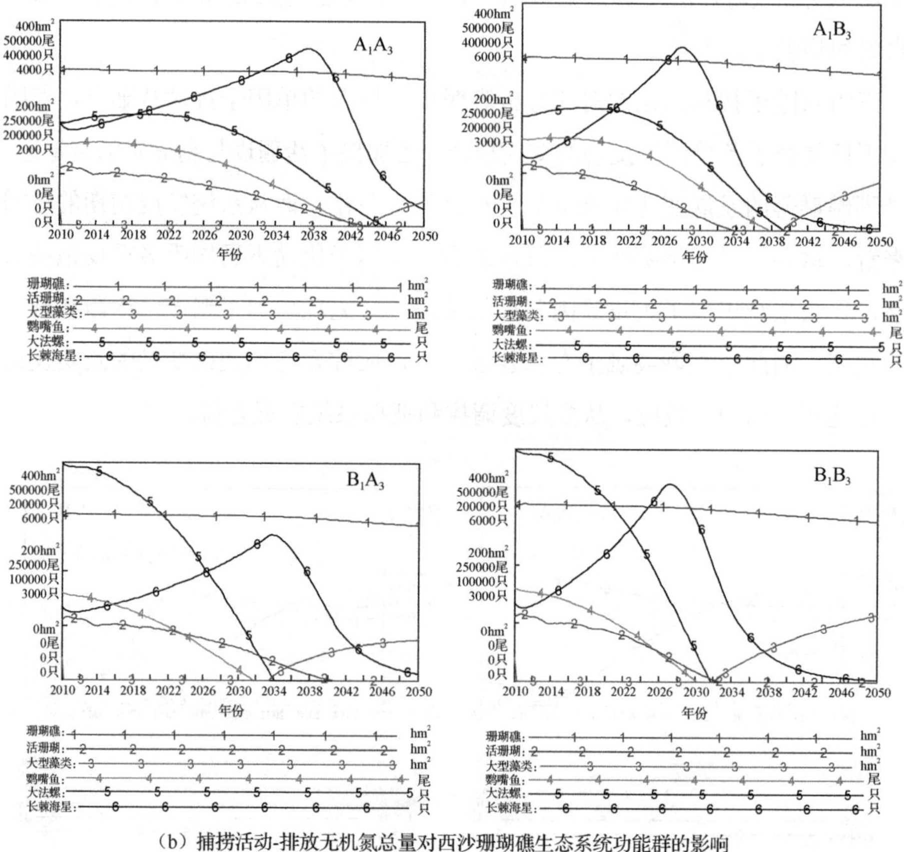

（b）捕捞活动-排放无机氮总量对西沙珊瑚礁生态系统功能群的影响

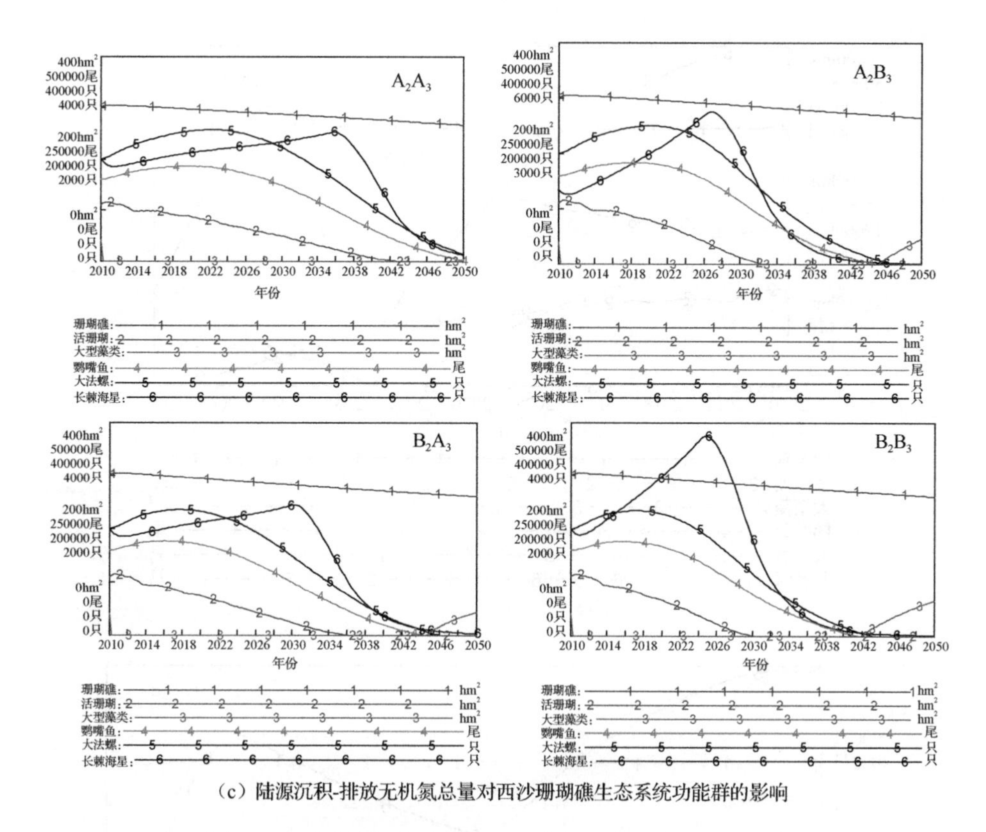

（c）陆源沉积-排放无机氮总量对西沙珊瑚礁生态系统功能群的影响

图 6.15 双因子扰动对西沙珊瑚礁生态系统功能群的影响

3. 多因子扰动

如图 6.16 所示，通过对捕捞活动、陆源沉积和排放无机氮总量多因子组合进行干扰，并对比上述单因子和双因子的扰动状况，明显发现多因子扰动下珊瑚礁群落的衰退速度和规模要远大于前者。其中，$A_1A_2A_3$ 情景中的活珊瑚大约在 2039 年消亡，消亡时间均早于各单因子 A 组和双因子 AA 组情景，其衰退速度甚至超过了剩余约 50%的情景值；而在 $B_1B_2B_3$ 情景中，活珊瑚和珊瑚礁的退化速度也达到所有情景中的最大值。总体来看，多因子扰动下珊瑚礁的多重反馈效应是最复杂且影响程度最大的，虽然模型所设情景偏向于系统超临界状态，但多因子扰动（包括全球气候变化等）可能恰是当前最符合西沙珊瑚礁退化原因的假说，因而在预设情景下最大程度模拟这类非线性过程以探寻珊瑚礁生态修复的潜在可能性。

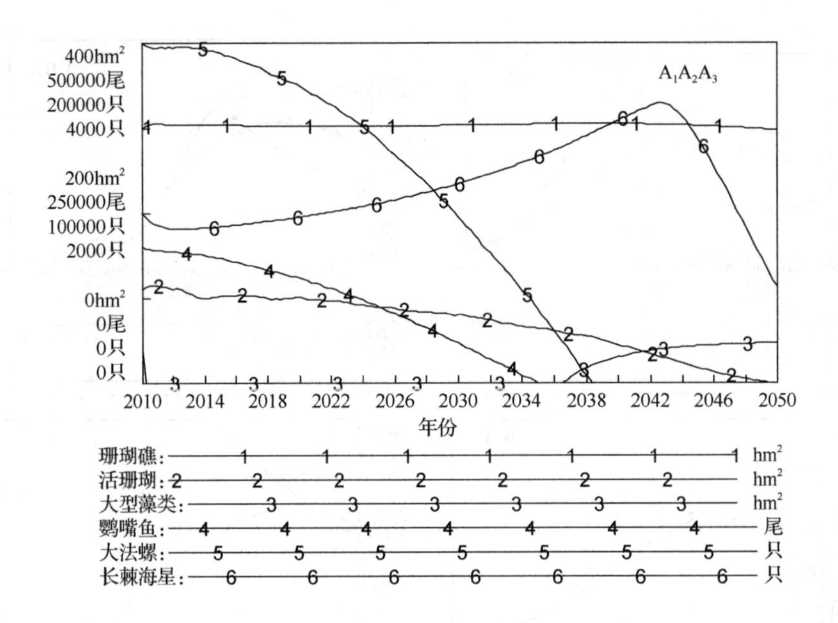

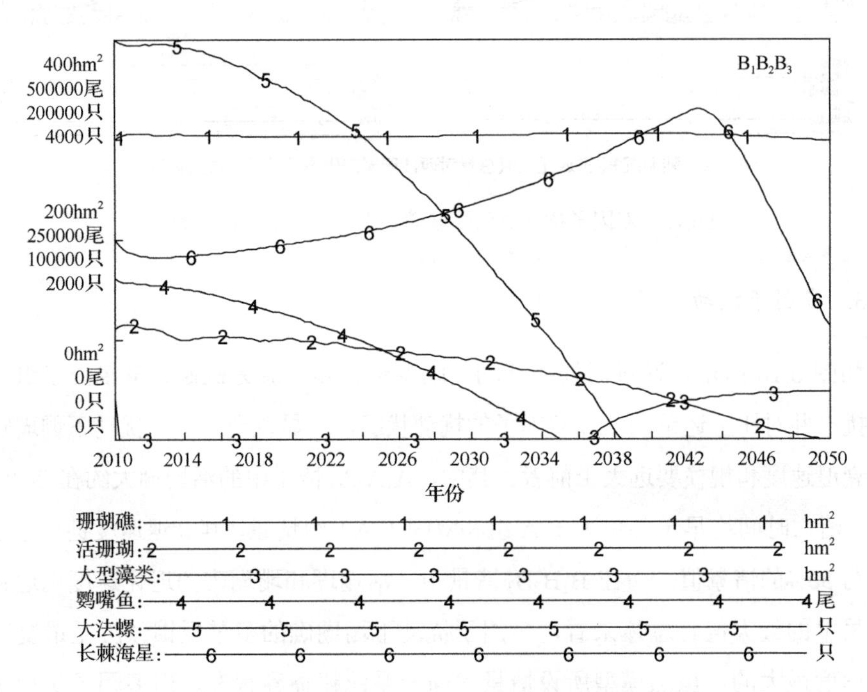

图 6.16　多因子扰动（捕捞活动-陆源沉积-排放无机氮总量）
对西沙珊瑚礁生态系统功能群的影响

6.3.2 生物灾害暴发干扰

相对于人为干扰，生物灾害暴发对珊瑚礁生态系统的扰动通常具有突发性、不确定性和破坏程度大等特点。结合西沙珊瑚礁退化的文献资料和其他轶事数据，模型中加入了成熟大藻随机暴发和长棘海星暴发的调控因子，并假设成熟大藻和长棘海星自 2020 年开始，每隔 10 年暴发一次为期两年的随机规模的灾害，暴发规模大小即调控值，规模等于 10 大约为原变量初始值的两倍（表 6.3）。此外，考虑到生物灾害暴发可能与人类活动加剧存在一定的相关性，而非独立事件发生，因此，结合已构建的人类活动干扰情景做叠加扰动分析（图 6.17）。

表 6.3 生物灾害暴发干扰情景参数设置简表

类型	变量	现状值	调控值	相关方程式	变量含义
A	成熟大藻随机暴发	0	10	PULSE TRAIN(2020,2,10,2050)*RANDOM UNIFORM(6,10,1)*成熟大藻随机暴发	表示成熟大藻随机暴发规模的大小，数值越大，代表藻类暴发数量越多
B	长棘海星暴发	0	10	PULSE TRAIN(2020,2,10,2050)*RANDOM UNIFORM(100,300,1)*长棘海星暴发	表示长棘海星暴发规模的大小，数值越大，代表长棘海星暴发数量越多
C	捕捞活动	1	3	鱼类总捕获量=RANDOM UNIFORM (8000, 12000,1)*捕捞活动	表示捕捞强度的大小，数值越大，代表年平均渔获量越多
D	排放无机氮总量	0.2	4.5	排放无机氮总量=排污造成的无机氮含量+旅游造成的无机氮含量	表示人类活动排放的无机氮含量，数值越大，代表珊瑚礁无机氮含量越多

注：根据已有研究，虽然人类干扰必然会促使两种生物灾害的暴发，但由于灾害本身出现的模糊性和不可预测性，目前对其发生机制尚无定论。因此，模型假设人类活动干扰与生物灾害暴发不同质，允许两者同时存在并发生。

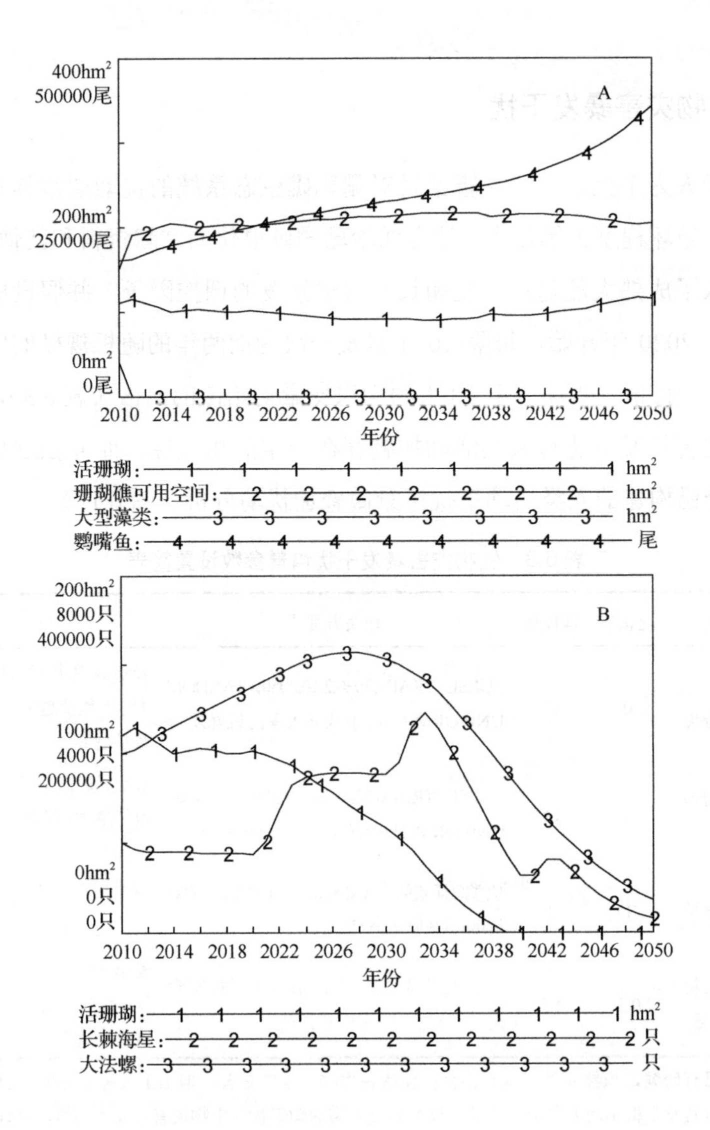
400hm²
500000尾
200hm²
250000尾
0hm²
0尾
A
2010 2014 2018 2022 2026 2030 2034 2038 2042 2046 2050
年份
活珊瑚 hm²
珊瑚礁可用空间 hm²
大型藻类 hm²
鹦嘴鱼 尾
200hm²
8000只
400000只
100hm²
4000只
200000只
0hm²
0只
0只
B
2010 2014 2018 2022 2026 2030 2034 2038 2042 2046 2050
年份
活珊瑚 hm²
长棘海星 只
大法螺 只

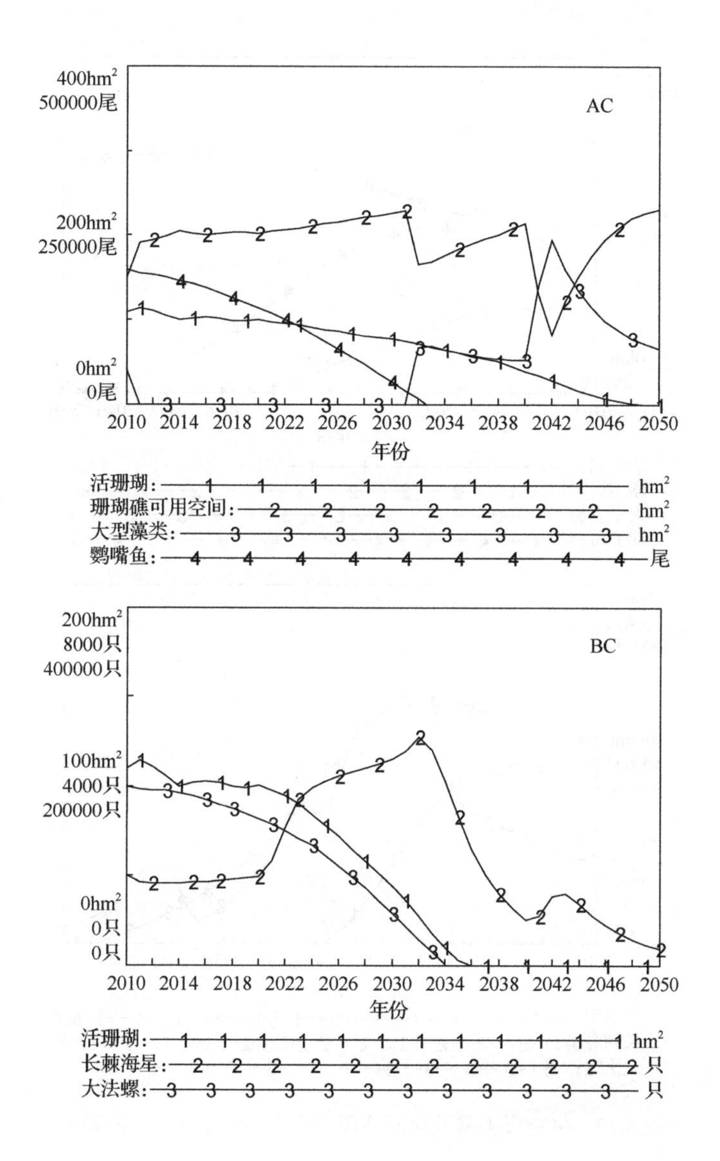
400hm²
500000尾
AC
200hm²
250000尾
0hm²
0尾
2010 2014 2018 2022 2026 2030 2034 2038 2042 2046 2050
年份
活珊瑚：1 hm²
珊瑚礁可用空间：2 hm²
大型藻类：3 hm²
鹦嘴鱼：4 尾
200hm²
8000只
400000只
BC
100hm²
4000只
200000只
0hm²
0只
0只
2010 2014 2018 2022 2026 2030 2034 2038 2042 2046 2050
年份
活珊瑚：1 hm²
长棘海星：2 只
大法螺：3 只

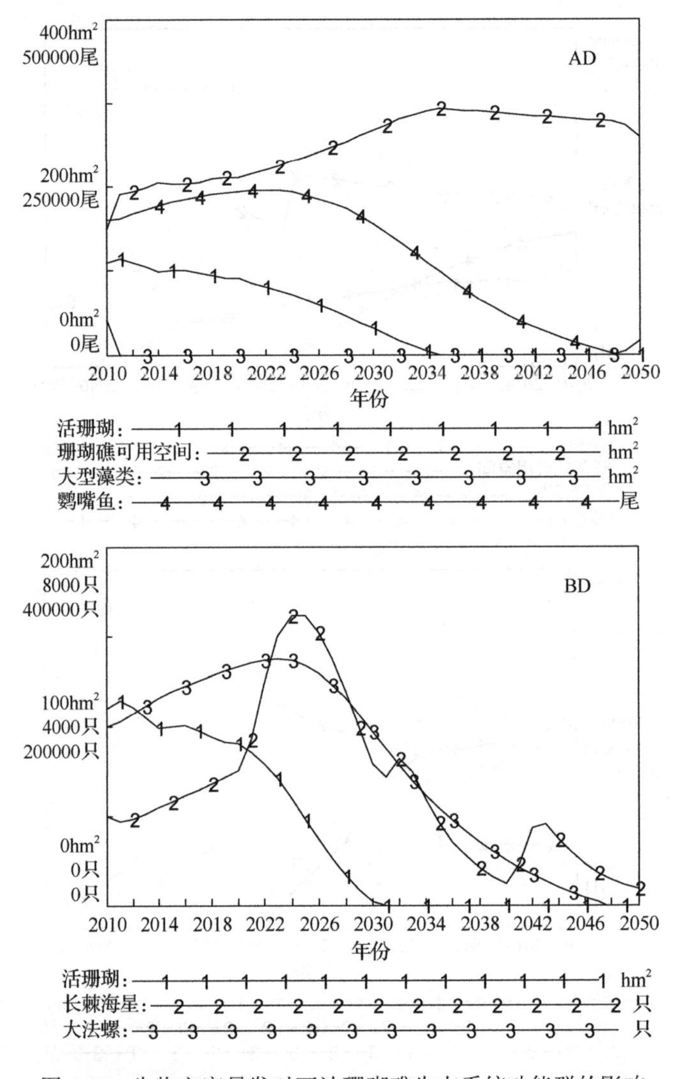

图 6.17　生物灾害暴发对西沙珊瑚礁生态系统功能群的影响

1. 大型藻类随机暴发型

A 类未受人为干扰的自然情景中，虽然随机暴发规模已调至 10（约为成熟大藻初始值的两倍），但由于草食性鱼类（鹦嘴鱼）的大量存在并处于逐年增长趋势中，成熟大藻单独暴发并存活几乎是不可能的，这里不排除从外界随水流迁入更多的大型藻类，但从反馈机制来看，输出结果应该是一致的。

AC 类成熟大藻随机暴发与捕捞活动的组合干扰情景中，捕捞活动已调至高于群落演替敏感阈值范围，因而珊瑚礁群落会出现大藻。但同时在大藻随机暴发的叠加扰动下，后期大藻数量呈多段式波峰增长，最大峰值达 195.49hm^2。在此情景下，虽不会明显影响活珊瑚的退化速度，但会导致珊瑚礁可用空间的大幅缩小，对珊瑚礁群落的自然恢复造成不可逆的消极影响，并加大了后续人工生态修复的难度。

AD 类成熟大藻随机暴发与排放无机氮总量的组合干扰情景中，由于排放无机氮总量已调至高于群落演替敏感阈值范围，因而珊瑚礁群落会出现大藻。虽同时有大藻随机暴发的叠加干扰，但由于鹦嘴鱼的消亡时间远晚于活珊瑚，后期的大藻数量并不会立即出现显著增长。

通过成熟大藻随机暴发 A、AC 和 AD 三类干扰情景的对比分析表明，大藻随机暴发事件出现应具备一定的辅助条件，即满足草食性鱼类（鹦嘴鱼）大量消亡或珊瑚礁营养盐（无机氮）含量远超于正常量，否则很难出现大藻真正占据珊瑚礁空间的情形。并且，捕捞活动对大藻随机暴发的正反馈影响大于排放无机氮总量，因而在珊瑚礁生态修复过程中，平衡大藻和活珊瑚的动态关系时，应首要调控草食性鱼类的数量。

2. *长棘海星暴发型*

B 类未受人为干扰的自然情景中，当长棘海星暴发规模调至 10（约为长棘海星初始值的两倍）时，活珊瑚面积出现明显退化，大法螺数量受其影响呈先增长后逐年下降的趋势。系统发展后期，虽然仍存在部分调控类生物（大法螺），但长棘海星的突然暴发导致活珊瑚已无法自然恢复，并于 2039 年左右消亡。

BC 类长棘海星暴发与捕捞活动的组合干扰情景中，捕捞活动已调至高于系统变化敏感阈值范围，因而会出现活珊瑚消亡与珊瑚礁被大藻占据的两种情况（参考 A_1、B_1 情景），但同时在长棘海星暴发的叠加扰动下，明显加快了活珊瑚的原退化速度，使其原消亡时间提前了约 13 年。在此情景下，长棘海星的暴发无疑会加大本就严峻的珊瑚礁人工修复难度，此外，实验还发现长棘海星的暴发会促使大藻数量有轻微增长（0.32%），这是通过对比之前的单因子扰动结果所得。

BD 类长棘海星暴发与排放无机氮总量的组合干扰情景中，由于排放无机氮总量已调至高于系统变化敏感阈值范围，同理，在此情景中会加剧活珊瑚的衰退速度，使其原消亡时间提前了约 3 年（对比 B_3 情景），并促使鱼类和调控类生物也加速消亡。在此情景下，长棘海星的峰值量达到6448只，也即三组情景中的长棘海星数量的最大值。

通过长棘海星暴发B、BC和BD三类干扰情景的对比分析表明，长棘海星暴发并不完全需满足一定的辅助条件才可能出现，即自然情景下允许其独立发生的可能性。然而，当长棘海星暴发伴随过度捕捞和排放无机氮过量时，必然会助长长棘海星的原暴发趋势，但反之，人类活动加剧是否与长棘海星暴发存在必然联系，还有待进一步深入探讨。

此外，实验还发现BC情景中长棘海星的峰值叠加增长①约50.31%，BD情景中长棘海星的峰值叠加增长约42.5%，即捕捞活动对长棘海星暴发的正反馈影响大于排放无机氮总量。因此，在珊瑚礁生态修复过程中，应首要关注捕捞活动优化对长棘海星暴发的抑制作用，并同时注意海水的富营养化程度。

通过上述情景实验设计，较为直观地表现了人类活动与生物灾害暴发的多情景组合干扰效应下珊瑚礁群落的动态演化趋势。综上可得出以下结论。

（1）从西沙珊瑚礁生态系统来看，不同物种间虽存在多样性和可替代性，但特定功能群的损失将破坏西沙珊瑚礁群落的未来发展轨迹，这也证实了大多数研究成果。

（2）在有充足的鹦嘴鱼群时，大型藻类几乎无法生存，说明了草食性鱼类对于控制大藻数量和维持活珊瑚主导地位有着至关重要的作用。

（3）大法螺等调控类生物对于削减长棘海星的增长、保持西沙珊瑚礁的可持续发展具有更为直接的影响。

（4）对人为干扰因子而言，单因子扰动在不触及系统敏感阈值区时，系统会根据自身弹性保持一定的恢复力，但叠加扰动将促使已经被破坏的、甚至相对健康的西沙珊瑚礁群落转变为另一种状态，而这种影响也是深入持久的。

（5）生物灾害随机暴发的原因尚需根据研究区的多方面因素进一步深入分析，但可以肯定的是，人类活动干扰必然在一定程度上加剧这种影响力，使西沙珊瑚礁群落的演化形式更为复杂，人工生态修复的难度也随之增加。

① 叠加增长指BC和BD情景分别对比B_1和B_3情景的长棘海星最大值的增长百分比。

7 西沙珊瑚礁生态系统完整性评价及修复模式研究

7.1 西沙珊瑚礁生态系统完整性评价基础研究

对快速退化的珊瑚礁生态系统而言，评估（诊断）珊瑚礁生态系统状况是一件非常复杂且亟待解决的工作。由于珊瑚礁生态系统演化的复杂性，存在大量易变因子及多重反馈关系，无法用单一的指示物种丰度或者衡量生理过程健康来评估，只有从生态系统的演化循环过程综合考察，并动态结合一系列的关键系统参数[186]，才有可能客观评价出珊瑚礁生态系统的整体状况，以此为后续的珊瑚礁诊断修复建模奠定基础。

生态系统完整性通常定义为生态系统的结构、功能及过程的完整性[187]，强调系统整体在演化过程中维持其健康和不断进化的能力。本章基于“适应性修复”的角度探究珊瑚礁生态系统完整性，包括三个层次：一是生态系统的累积效应（cumulative effect,CE），包括珊瑚礁的生物完整性和环境完整性，衡量珊瑚礁生物的结构及功能是否保持完整，珊瑚礁生态环境状况是否保持健康；二是生态系统的突发效应（burst effect,BE），衡量珊瑚礁生态系统中突发性灾害的破坏程度；三是生态系统的恢复效应（restoration effect,RE），衡量珊瑚礁生态系统在两者复合作用下保持稳定且能恢复平衡状态的能力。

本章基于拟建好的西沙珊瑚礁生态系统动力学模型，结合敏感性分析和多情景模拟结果的系统关键变量，将其作为“待诊因子”引入珊瑚礁生态系统完整性指标评价体系，通过探究生态系统的累积效应、突发效应和恢复效应，最终将构建一个能够主动识别生态系统受损状态，并选择对应修复策略的珊瑚礁动态诊断修复模型（图 7.1）。

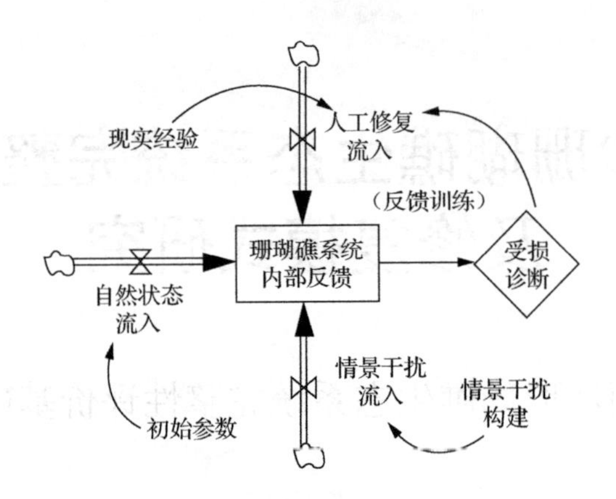

图 7.1　珊瑚礁受损诊断与修复模拟示意图

7.1.1　西沙珊瑚礁生态系统完整性指标体系

评价指标是构建珊瑚礁生态系统完整性评估模型的基础，合理选择评价指标是提高生态系统完整性评估质量的关键[188]。指标选取应秉持科学性、客观性、完备性和可操作性等原则。本章根据西沙珊瑚礁生态系统完整性的内涵，综合对比国内外珊瑚礁生态系统评估的相关研究，基于西沙珊瑚礁生态系统动力学模型的结构特征，从所有的“待诊因子”中选取并建立了 13 个指标来反映其生态系统完整性状况（表 7.1）。同时，考虑到系统动力学模型数值模拟结果判别存在一定的主观性，因此，尽量选用能够反映系统变量间频率和相位关系的相对性指标（如活珊瑚增长率、珊瑚-大藻比例、长棘海星密度等），以得出更为客观的完整性评价结果。

由于评价指标的量纲不同，为使不同指标间具有可比性和可度量性，需对各评价指标进行标准化处理，模型中采用隶属度打分法进行计算[189]，并选用德尔菲法进行赋权。其中，西沙珊瑚礁完整性评价指标共分为三个层次（累积效应、突发效应和恢复效应，即 C-B-R），每个指标的区间范围划分为 3 级标准（即 I、II、III 级，等级越低，表明其完整性越好）。累积效应指数中 C_1～C_6 为西沙珊瑚礁生物完整性评价指标，C_7～C_9 为西沙珊瑚礁环境完整性评价指标，评价基准主要依据《近岸海洋生态健康评价指南》（HY/T 087—2005）和《海水水质标准》（GB 3097—1997），另外，部分基准值基于大量相关文献研究和调查获取。突发效应指数中 B_1

为自然灾害系数，评价基准基于模拟结果的区间标度范围划分；B_2 和 B_3 分别为成熟大藻随机暴发和长棘海星暴发系数，评价基准基于政策变量的调控结果划分。恢复效应指数 R_1 为恢复趋势，评价基准则根据表函数设置进行打分。

表 7.1 西沙珊瑚礁生态系统完整性评价指标体系

		变量指标	权重	I 级		II 级		III 级	
				要求	赋值	要求	赋值	要求	赋值
珊瑚礁生态系统动力学模型综合完整性指数	累积效应 CE（0.5）	活珊瑚增长率（C_1/%）	0.2	$C_1 \geqslant 1$	50	$0.5 \leqslant C_1 < 1$	30	$C_1 < 0.5$	10
		珊瑚礁增长率（C_2/%）	0.12	$C_2 \geqslant 0.5$	50	$0 \leqslant C_2 < 0.5$	30	$C_2 < 0$	10
		珊瑚-大藻比例（C_3/Dmnl）	0.15	$C_3 > 1$	50	$0.5 \leqslant C_3 \leqslant 1$	30	$C_3 < 0.5$	10
		珊瑚补充量增长率（C_4/%）	0.13	$C_4 \geqslant 1$	50	$0.5 \leqslant C_4 < 1$	30	$C_4 < 0.5$	10
		长棘海星密度［C_5/(ind/hm^2)］	0.15	$C_5 \leqslant 1$	50	$1 < C_5 \leqslant 15$	30	$C_5 > 15$	10
		鹦嘴鱼变化率（C_6/%）	0.1	$C_6 \leqslant 5$	50	$5 < C_6 \leqslant 10$	30	$C_6 > 10$	10
		沉积物增长率（C_7/%）	0.05	$C_7 < 0$	50	$0 \leqslant C_7 < 10$	30	$C_7 > 10$	10
		珊瑚礁无机氮含量/［C_8/(mg/L)］	0.05	$C_8 \leqslant 0.2$	50	$0.2 < C_8 \leqslant 0.5$	30	$C_8 > 0.5$	10
		珊瑚礁可用空间变化（C_9/%）	0.05	$C_9 \leqslant 5$	50	$5 < C_9 \leqslant 10$	30	$C_9 > 10$	10
	突发效应 BE（0.3）	自然灾害系数（B_1/Dmnl）	0.3	$B_1 < 0.1$	30	$0.1 \leqslant B_1 < 0.15$	20	$B_1 \geqslant 1.5$	10
		成熟大藻随机暴发系数（B_2/Dmnl）	0.3	$B_2 \leqslant 0$	30	$0 < B_2 \leqslant 5$	20	$B_2 > 5$	10
		长棘海星暴发系数（B_3/Dmnl）	0.4	$B_3 \leqslant 0$	30	$0 < B_3 \leqslant 5$	20	$B_3 > 5$	10
	恢复效应 RE（0.2）	恢复趋势（R_1/Dmnl）	0.2	恢复效应=WITH LOOKUP(恢复趋势，([(−60,0)-(60,20)]，(−60,0)，(−20,1)，(−10,3)，(−5,5)，(0,8)，(1,10)，(5,12)，(10,15)，(30,18)，(60,20))					

7.1.2 西沙珊瑚礁生态系统完整性评价方法

西沙珊瑚礁生态系统完整性由生态系统的累积效应、突发效应和恢复效应 3 个层次的复合效应所决定，因而建立 3 个层次的指数表示其效应水平，即累积效应指数、突发效应指数和恢复效应指数，最后采用综合指数方法对西沙珊瑚礁生态系统完整性进行综合评价。

（1）累积效应指数（cumulative effect index,CEI），数值范围为10～50，计算公式如下。

$$\mathrm{CEI}=\sum_{i=1}^{n}C_i\times W_i$$

式中，C_i为指标C_1～C_9中第i个指标的赋值得分；W_i为指标i对应的权重值。CEI值越大，表明生态系统的累积能力越强，珊瑚礁生物和环境状况越完整。

（2）突发效应指数（burst effect index,BEI），数值范围为10～30，计算公式如下。

$$\mathrm{BEI}=\sum_{i=1}^{n}B_i\times W_i$$

式中，B_i为指标B_1～B_3中第i个指标的赋值得分；W_i为指标i对应的权重值。BEI值越大，表明生态系统受到的突发灾害影响越小，珊瑚礁群落越完整。

（3）恢复效应指数（restoration effect index,REI），数值范围为0～20，计算公式如下。

$$\mathrm{REI}=R_i\times W_i$$

$$R_1=\frac{\Delta(\mathrm{CEI}+\mathrm{BEI})}{\mathrm{dt}}$$

式中，R_i为指标R_1的表函数赋值得分；W_i为指标i对应的权重值。REI值越大，表明生态系统的恢复程度越好。R_1为恢复趋势，$R_1>0$为正向转变，$R_1<0$为负向转变，R_1越趋近于0，表示生态系统的时段变化表现越稳定；dt为时段长度（取平均统计步长1年）。

（4）珊瑚礁综合完整性（coral reef comprehensive integrity,CCI）指数，数值范围为20～100，计算公式如下。

$$\mathrm{CCI}=\mathrm{CEI}+\mathrm{BEI}+\mathrm{REI}$$

式中，CEI为累积效应指数；BEI为突发效应指数；REI为恢复效应指数。CCI值越大，表明珊瑚礁生态系统完整性水平越好。

7.1.3 西沙珊瑚礁生态系统完整性评价标准

目前，西沙珊瑚礁生态系统完整性评价并没有公认的等级划分标准，在参照相关文献及评价基准后，将评价结果定义为 3 个等级，即低受损、中受损和重受损，综合完整性指数各取值范围分别对应不同的完整性水平（表 7.2）。此外，考虑到完整性等级是一个区间概念，为了避免出现评价结果的不确定性（例如，评价结果为 80 分和 85 分，均属于低受损，但其低受损程度不同），在模拟结果输出端插入表函数以进行二次“配准”，增加了评价结果获取的精确性和可信度。

表 7.2 西沙珊瑚礁生态系统完整性评价指标体系

完整性等级	等级相关描述	综合完整性指数范围
低受损（0.1～1）	珊瑚礁功能群结构完整，生物量比例正常，生物功能健康，珊瑚礁水质达标，底质未受明显干扰。珊瑚礁群落保持可持续性，生态系统发育良好	80≤CCI＜100
中受损（1～2）	珊瑚礁功能群结构较为完整，生物量比例有所失衡，生物功能下降，珊瑚礁水质或底质受到破坏。珊瑚礁群落无法保持可持续性，生态系统趋于病态	60≤CCI＜80
重受损（2.1～3.5）	珊瑚礁功能群结构严重缺失，生物量比例严重失衡，生物功能衰退，珊瑚礁水质或底质严重破坏。珊瑚礁群落完全退化或将演替，生态系统几乎崩溃	20≤CCI＜60

注：表中 0.1～1、1～2 和 2.1～3.5 为不同受损程度的表函数赋值范围，值越小，表示受损程度越低。

7.2 西沙珊瑚礁生态修复模式基础研究

模式是主体行为的一般方式，是结合生产生活实践，实现一般性与特殊性衔接中经验的集成与升华。模式是理论和实践之间的中介环节，模式构建应是在认识过程中逐渐检验、修改并得到正确认识的过程。珊瑚礁生态修复模式是指珊瑚礁生态系统修复过程中所使用的相匹配的一种或几种生态修复技术、流程、组合及管理方式而形成的程式。

目前，我国的珊瑚礁生态修复虽然经历了大量摸索和实验性研究，但并未形成一套成熟且能够有效推广的珊瑚礁修复方法或模式，这主要是珊瑚礁生态系统自然演化的复杂性及修复过程中可能存在的滞变现象，即珊瑚礁生态恢复过程并不是按照其退化的路径原路返回，导致珊瑚礁生态系统修复几乎是不可预测的。但从系统动力学来理解，珊瑚礁演化过程应具有内生性和反馈性，即微观结构的变化会不同程度地影响系统的宏观行为，并在多重反馈中自我适应与自我调整。因此，珊瑚礁诊断修复动力学模型运用的出发点，就是基于生态系统演化原理，通过模拟修复干预降低系统发展的不确定性，以尝试探寻珊瑚礁生态系统的动态修复规律。

7.2.1 基于完整性评价的修复类型分类方法

根据以往的珊瑚礁生态修复研究，结合上述西沙珊瑚礁完整性评价基准，提出了两种修复类型（分别为常规修复型和应急修复型），以对应不同的珊瑚礁受损状况。

1. 常规修复型

低受损：在生态系统完整性良好、受损程度较低的状态，采用珊瑚礁一般修复方法。该修复通过以日常养护管理为主，人工修复维护为辅的初级生态修复策略，加速区域珊瑚礁生态系统的自然恢复进程。

中受损：在生态系统完整性较差、受损程度较高的状态，采用珊瑚礁增强修复方法。该修复通过人工生态修复和重构技术相结合的中级修复策略，加大人工干预的力度，以促进受损珊瑚礁生态系统的结构及功能恢复。

重受损：在生态系统完整性严重缺失、受损程度极高的状态，采用珊瑚礁重构修复方法。该修复主要通过人工重构技术重新建构生态系统框架的高级修复策略，以提高区域造礁石珊瑚和其他功能群生物的数量并恢复其可持续性。

2. 应急修复型

应急修复是指在突发情况下（例如，人类破坏导致生境质量骤降或生物灾害的突然性暴发等），通过采取具有针对性的人工干预措施，辅以常规修复方案，以保持珊瑚礁生态系统的弹性并促进其平稳恢复。

7.2.2 常用珊瑚礁生态修复技术归纳

根据目前已有的西沙珊瑚礁生态修复技术，按照其作用对象不同，将修复技术分为生境修复和生物资源增殖养护两大类。珊瑚礁生态修复技术有很多种，本章仅介绍一些常用的相关修复技术（表 7.3）。

表 7.3 常用西沙珊瑚礁生态修复技术归纳

修复类型	修复方式	相关描述	主要目的
生境修复	稳固底质	将礁区碎石搬走，或者把活动的碎石用水泥等胶合在一起，固定底质	防止珊瑚幼虫在碎石滚动中脱落或被覆盖，有利于珊瑚的自然补充并提高成活率等
	清除沉积物	利用强力真空泵等清理活珊瑚和珊瑚礁表面的覆盖沉积物	防止沉积物覆盖影响珊瑚共生虫黄藻的光合作用或导致其窒息死亡，有利于促进珊瑚的生长、繁殖和补充等
	投置人工礁体	将天然礁岩、钢筋混凝土和陶瓷块等材料建造的三维结构建筑物，安放到适宜的珊瑚礁海域	主要为造礁石珊瑚等礁栖生物提供庇护所，有利于珊瑚的附着生长，加速珊瑚礁生态系统的自然恢复
生物资源增殖养护	珊瑚移植	珊瑚礁修复中最广泛应用的技术，主要是将珊瑚整体或部分移植到退化区域	短期内快速恢复珊瑚覆盖率，提高生物多样性，但并不适合所有退化区
	园艺式养殖移植	主要指在特定海域将珊瑚断片或幼虫培育到一定的大小后，再将其移植到退化区域的方法	提供大量可移植对象，最大限度减少在移植过程中对珊瑚组织的损伤，提高修复成功率
	去除敌害生物	通过搬移后上岸掩埋或注射胆盐等方式杀死长棘海星，利用海藻清除器等控制海藻数量	减少有害生物的侵蚀或竞争，改善珊瑚礁生态系统的种间关系，有助于促进区域生态平衡
	功能生物底播增殖	根据功能生物的繁殖习性及生长发育特点，在特定区域进行砗磲、藻类、螺类和礁栖鱼类等底播放流	恢复珊瑚礁局地生态，建立良好的生境条件，促进珊瑚礁生态系统恢复
	珊瑚杂交、微生物重组	利用突变和杂交等实验方法培育和改良珊瑚基因；重组珊瑚与共生微生物的系群结构等	培育具有新基因和新表现型的珊瑚，提高珊瑚对环境变化的耐受力

7.3 西沙珊瑚礁诊断及修复模型构建

通过珊瑚礁生态系统完整性及其生态修复方法的基础研究，在西沙珊瑚礁生态系统动力学模型基础上（图 6.2），对其相关内容进行了尝试性建模，最终在 Vensim DSS 平台软件构建了西沙珊瑚礁受损诊断及修复流图（图 7.2）。

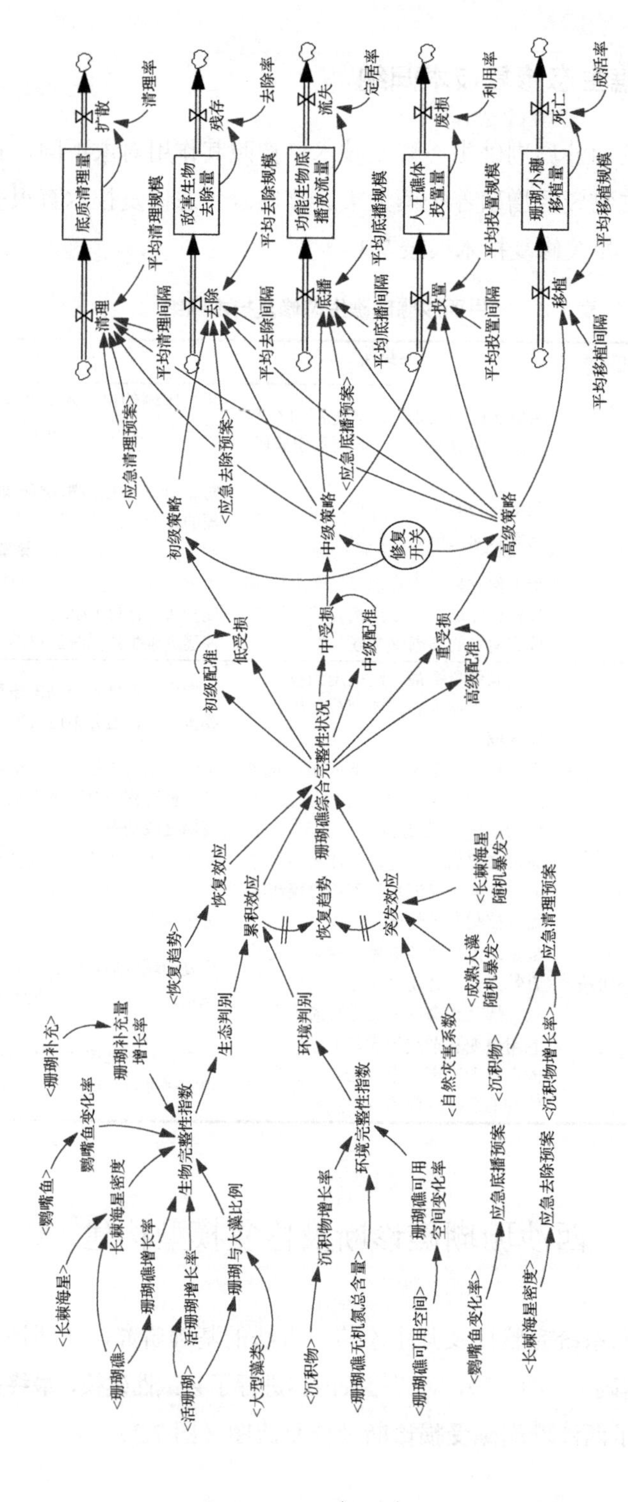

图 7.2 西沙珊瑚礁受损诊断及修复流图

7.3.1 诊断修复模型建构原理、控制及优化

从模型的结构和功能来说，流图共分为两部分，分别对应珊瑚礁完整性评价（诊断）和珊瑚礁人工生态修复，两者紧密结合、相互作用、相互反馈，共同构成西沙珊瑚礁多情景动态诊断及修复模型。

对诊断修复而言，主要是通过拟建好的珊瑚礁受损诊断及修复模型（图 7.2）完成的。首先，依据完整性评价结果系统分析受损原因，结合现实修复经验，定性选取可能解决的修复方法。然后，按照修复类型分类特征依次对应暂选的修复措施，并将量化后的修复模块以输入流的形式再反馈回原模型结构中运行。同时，结合多情景干扰样本与之形成“循环对抗”，在系统经历数次诊断-修复-诊断的迭代过程中，根据修复目标和评价基准，不断优选各类修复参数及其组合形式，从而达到模拟不同情景与修复模式下珊瑚礁生态系统演化的目的。

模型中，修复措施的定量及其对生态系统的影响对于模拟结果的有效性至关重要，然而考虑到修复的可操作性和更直观地理解修复反馈过程，预设修复因子均为水平变量（例如，底质清理量和敌害生物去除量等），并对部分因子设置影响表函数以反映其修复影响。模型主要通过不同的修复策略控制相应的修复措施，并依据生态系统受损程度影响各修复策略所对应的修复水平，同时还设置了可调控变量（平均修复规模与平均修复间隔），以便于不同修复管理下通过“复合模拟”功能进行手动调整和优化。此外，当系统遭遇严重人为干扰或生物灾害破坏时，还会根据干扰程度触发应急修复预案，对现有修复策略进行适当修正，增加修复过程的灵活性与适应性。

7.3.2 基于系统动力学的修复模式探究

本章根据西沙珊瑚礁生态修复特征及相关研究，在综合考虑生态系统完整性基础上，结合人类活动与生物灾害暴发，经过反复数次的诊断与修复模拟调试后，构建了西沙珊瑚礁动态修复模式。以下是针对不同受损程度，总结的三类修复策略和应急修复预案（表 7.4）。

表 7.4　西沙珊瑚礁修复组合模式设置简表

修复方案	清理底质	去除敌害	底播放流功能生物	投置人工礁体	珊瑚移植
初级策略	√	√	—	—	—
中级策略	√	√	√	√	—
高级策略	√	√	√	√	√
应急修复预案	√	√	√	—	—

注：表中“√”表示修复参与项，“—”表示无。

7.4　典型情景诊断及修复模拟

由于模型中情景及参数设置的多样性和随机性，以下选取西沙珊瑚礁典型情景为例进行模拟分析。

7.4.1　基础情景模拟

1. 西沙珊瑚礁完整性评价结果

图 7.3 是初始珊瑚礁生态系统完整性评价结果的修复前后对比图，分别从以下四方面进行分析说明，即珊瑚礁生态系统累积效应指数、突发效应指数、恢复趋势和综合完整性指数。其中，生态系统累积效应指数变化最为可观，修复前后指数平均增长约 13.74%，说明珊瑚礁生物完整性和环境完整性都有了显著提高，并且演化后期也基本保持较高水平。突发效应指数主要是由自然灾害和生物灾害暴发因子变化影响，此情景中并不对二者区别考察，因而修复前后并无变化。生态系统恢复趋势主要由原来的波动变化转为小幅增减，虽然修复前后的恢复曲线并无明显增长，但其后期变化区间基本保持在零点上下，表明生态系统发展逐渐趋于稳定。最后是珊瑚礁生态系统综合完整性状况修复前后的对比结果图，可以明显看出综合完整性指数在修复前后有了较大提升，这主要得益于累积效应和恢复效应的增长。尤其随着适应性修复的持续进行，系统演化后期，珊瑚礁生态系统综合完整性逐渐稳定在较高水平，达到了新的平衡状态。

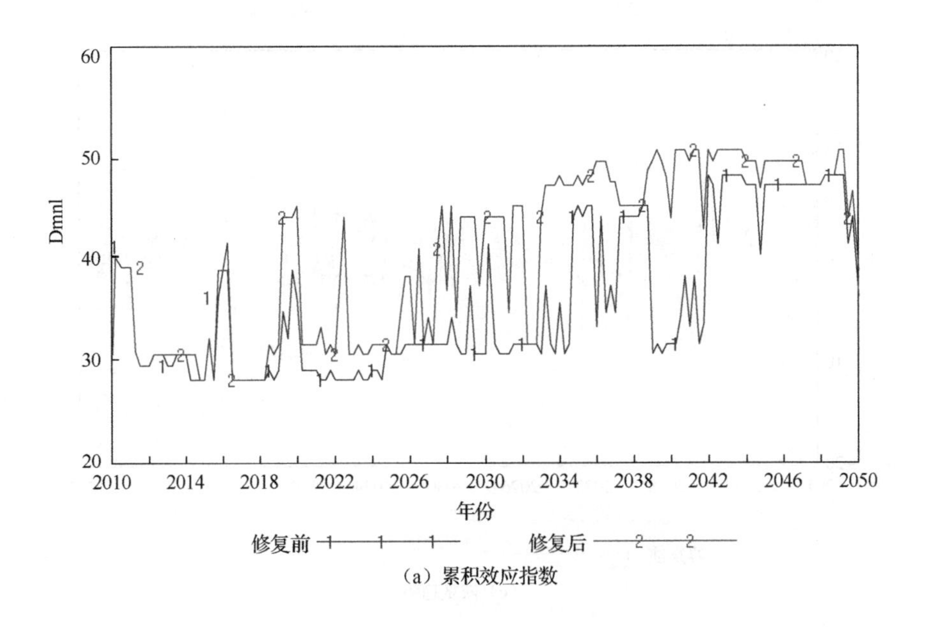

（a）累积效应指数

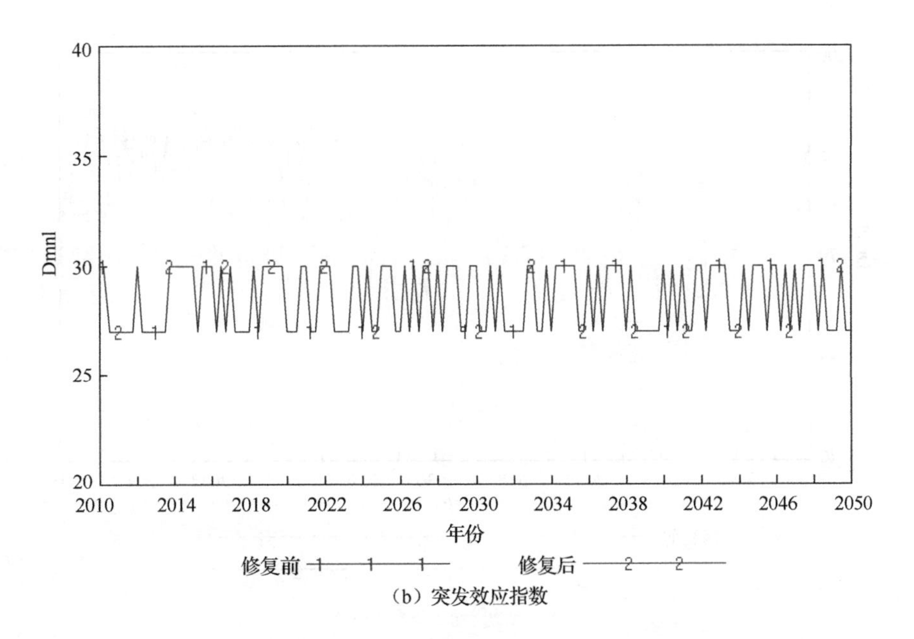

（b）突发效应指数

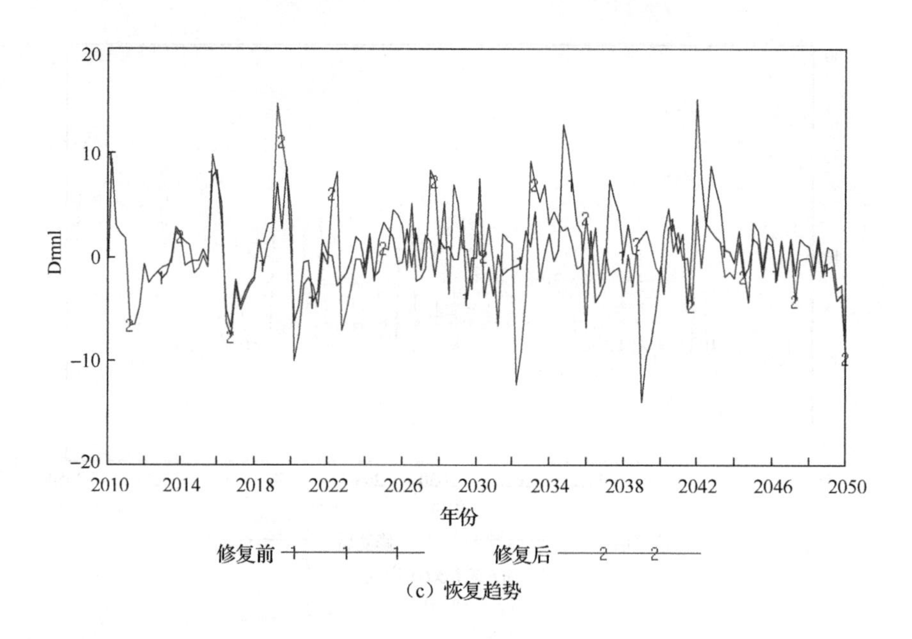

（c）恢复趋势

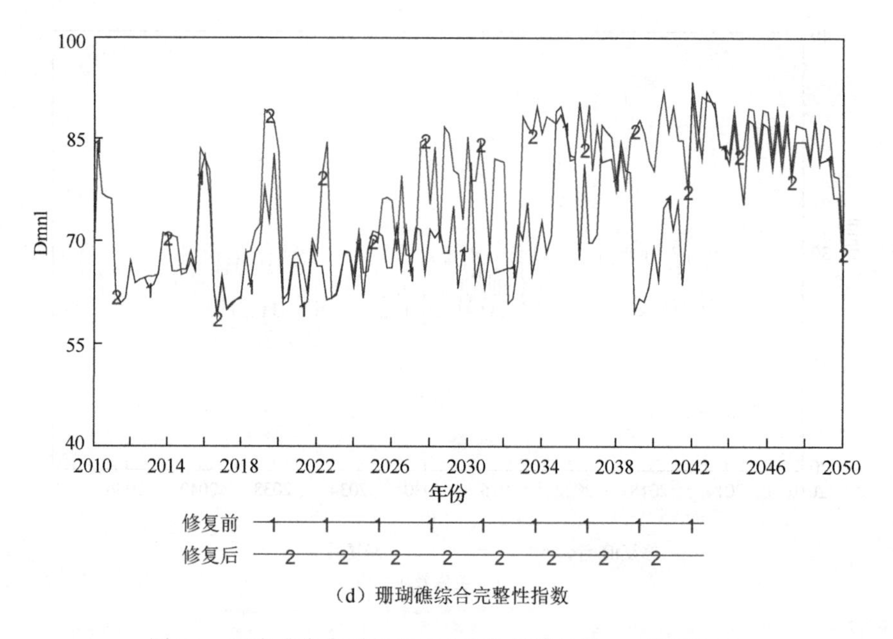

（d）珊瑚礁综合完整性指数

图 7.3　珊瑚礁生态系统完整性评价模拟结果——基础情景

2. 西沙珊瑚礁诊断修复结果

图 7.4 是初始珊瑚礁生态系统诊断修复结果的修复前后对比图，分别从以下四方面进行分析说明，即珊瑚礁生态系统修复前后的受损程度、珊瑚礁应急修复预案实施状况和珊瑚礁修复方案平均实施状况。其中，珊瑚礁生态系统的受损程度是根据其完整性评价结果模拟所得，通过修复前后对比结果可以看出，生态系统主要由中受损向中低受损转变，且表征各类受损程度的相应数值也有所降低，表明生态系统的完整性等级越来越高。并且，修复前后均未启动应急修复预案。图 7.4（d）表现的是根据珊瑚礁诊断结果进行的珊瑚礁修复方案的年均实施状况，图中清理底质量、去除天敌量由前期的大规模修复向后期少量修复转变，底播生物量和投置人工礁量由连续修复向间断修复转变，而珊瑚移植仅少量出现在生态系统完整性水平较低的 2017 年前后。总体来看，经过人工生态修复后，珊瑚礁生态系统完整性不仅有了显著改善，还加速了其自然恢复进程。

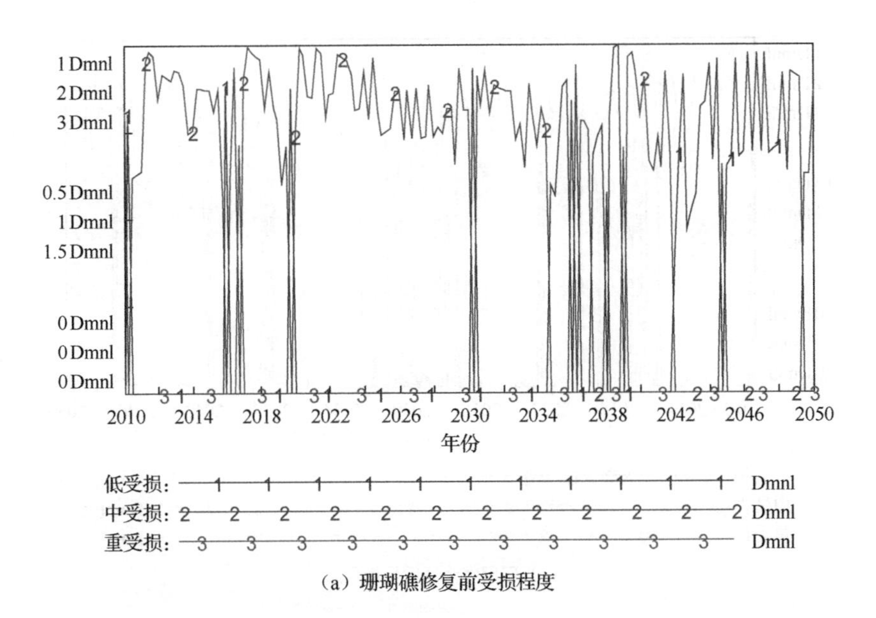

（a）珊瑚礁修复前受损程度

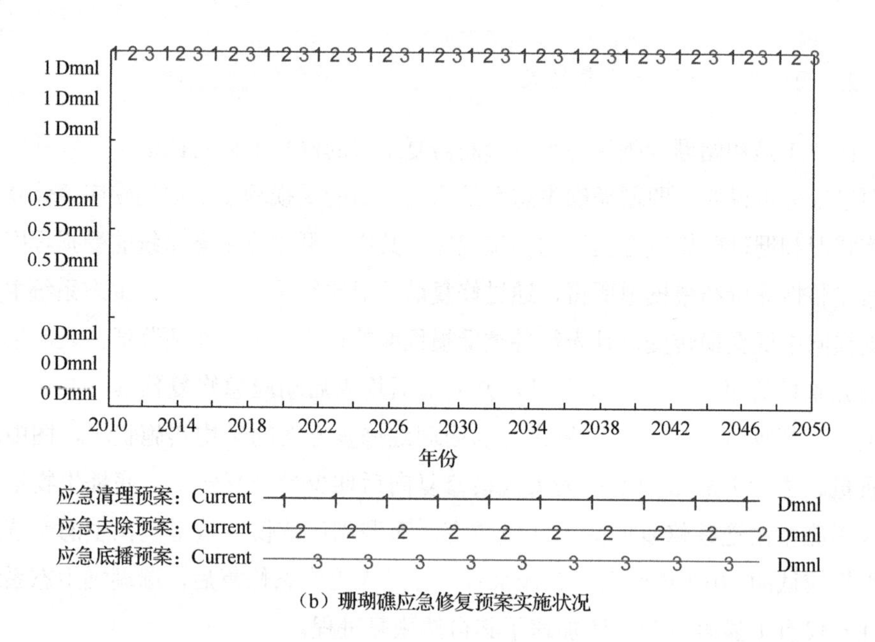

（b）珊瑚礁应急修复预案实施状况

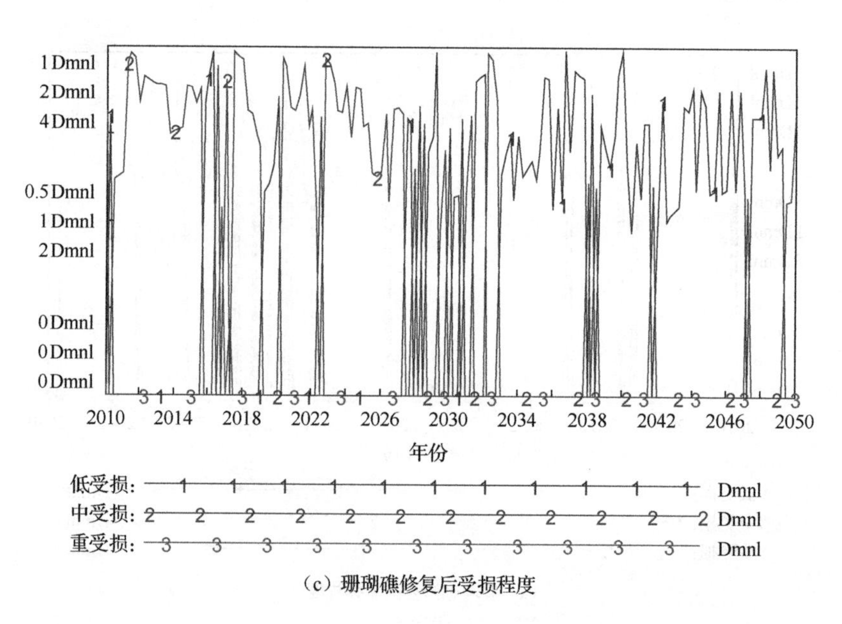

（c）珊瑚礁修复后受损程度

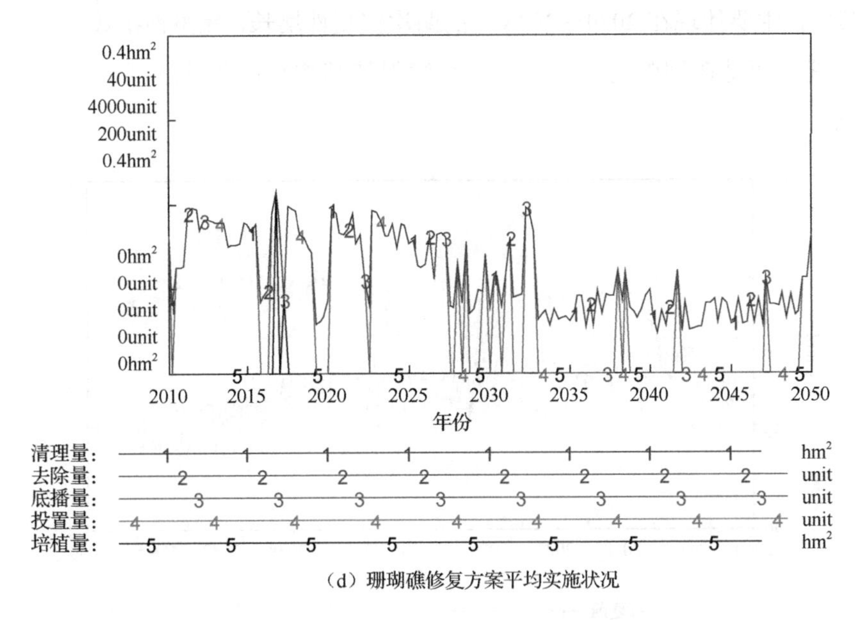

（d）珊瑚礁修复方案平均实施状况

图 7.4 珊瑚礁生态系统诊断及修复模拟结果——基础情景

7.4.2 干扰情景模拟

结合西沙珊瑚礁退化现状，在所有的诊断修复预设情景中，临界点扰动模拟是最能反映诊断修复成效和探寻其修复演变规律的“特殊情景”，以下分别就捕捞活动、陆源沉积和长棘海星暴发的活珊瑚消亡阈值三种代表性情景进行集中模拟展示与分析。

1. 捕捞活动阈值

图 7.5 是西沙珊瑚礁生态系统处于捕捞活动阈值情景的诊断与修复前后的结果对比图，以下主要从修复前和修复后进行综合分析。生态修复前，西沙珊瑚礁生态系统完整性基本呈现为波动下降趋势。其中，前期虽然有两段明显上升期，但由于捕捞活动的持续干扰，系统完整性等级整体表现为中受损。2038 年后，生态系统完整性在经历短暂剧变后，最终稳定在重受损程度，反映了西沙珊瑚礁生态系统长期承受临界捕鱼压力，后期快速演变至新平衡态的过程。通过执行模型设定的生态修复方案后，西沙珊瑚礁生态系统完整性较修复前有了显著变

化。其中，主要体现在2034～2038年的两次修复性增长，完整性指数到后期并未顺势衰减，而是在回弹稳定基础上，继续保持其增长趋势并逐渐向中低受损等级演化。

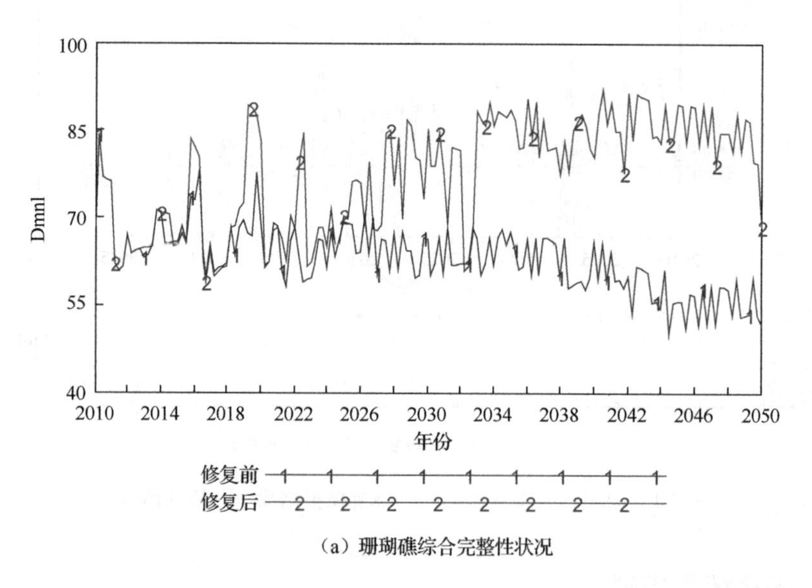

（a）珊瑚礁综合完整性状况

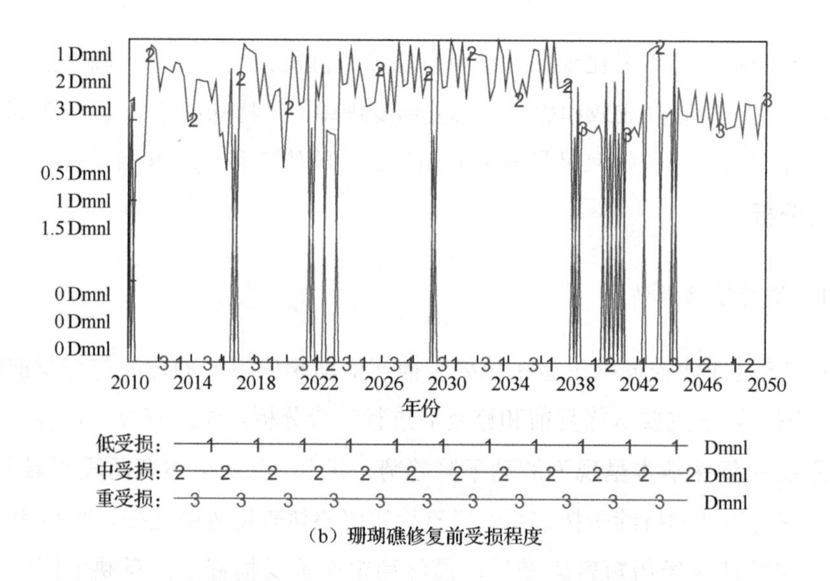

（b）珊瑚礁修复前受损程度

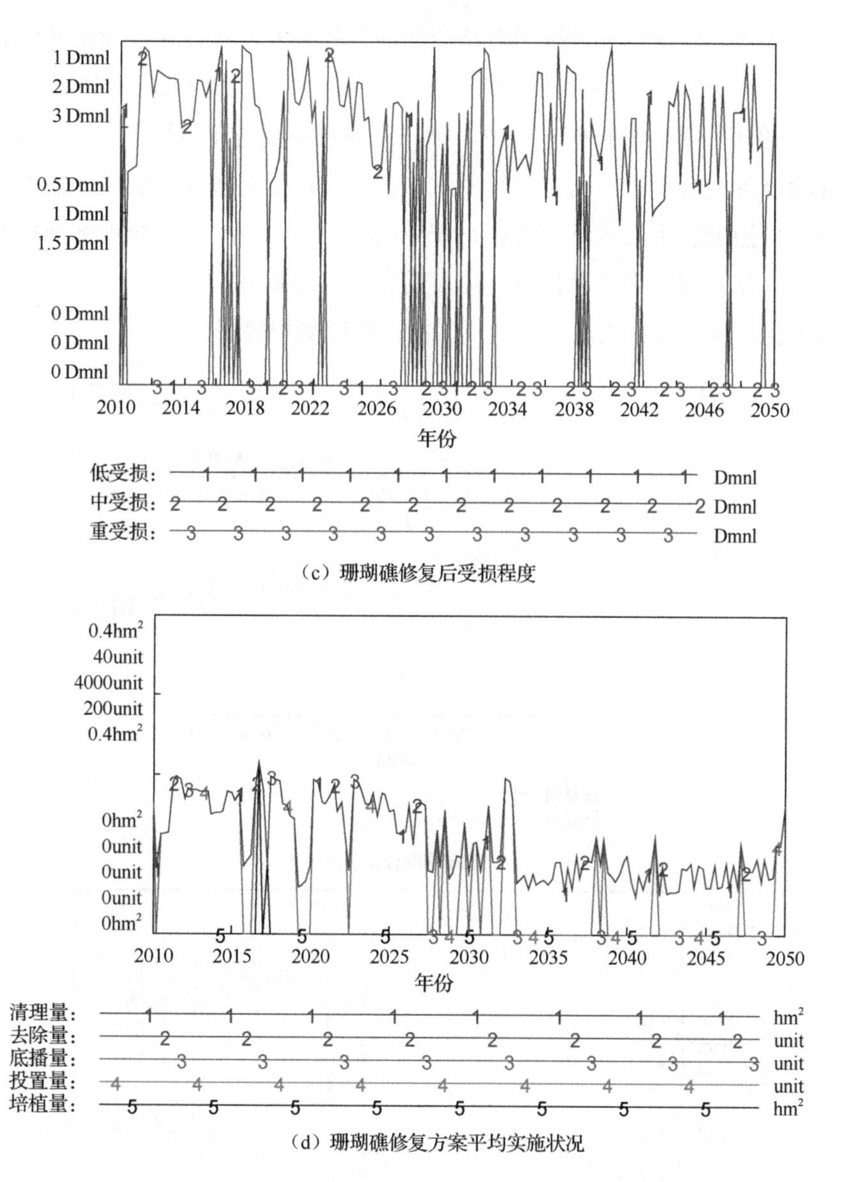

（c）珊瑚礁修复后受损程度

（d）珊瑚礁修复方案平均实施状况

图 7.5 珊瑚礁生态系统诊断及修复模拟结果——捕捞活动阈值情景

2. 陆源沉积阈值

图 7.6 是西沙珊瑚礁生态系统处于陆源沉积阈值情景的诊断与修复前后的结果对比图，以下主要从修复前和修复后进行综合分析。生态修复前，西沙珊瑚礁生态系统完整性基本表现为平稳下降趋势，反映西沙珊瑚礁生态系统长期承受临

界沉积物压力，后期逐渐过渡至群落崩溃的过程。通过执行模型设定的生态修复方案后，西沙珊瑚礁生态系统完整性较修复前的变化主要体现在2028年前后和2034年后的两段明显增长期。其中，第一段增长主要是前期数次针对性清理沉积物，并辅以各类修复措施同步进行所致。而第二段的显著性增长则受前期修复累积影响，直接削弱了大量沉积物在系统中的负反馈作用，使系统内部结构及功能得以迅速恢复，因而完整性指数较修复前有了明显提升。演化后期，即使生态系统受此干扰，依旧可通过适应性修复保持在较低受损等级。

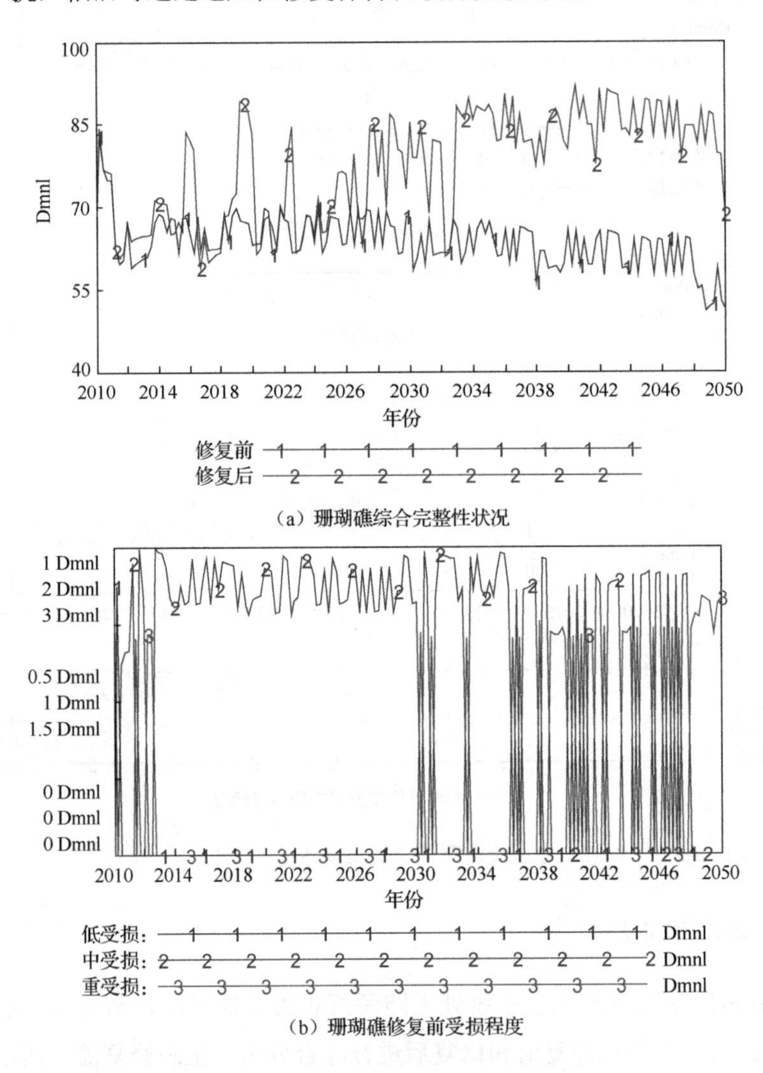

(a) 珊瑚礁综合完整性状况

(b) 珊瑚礁修复前受损程度

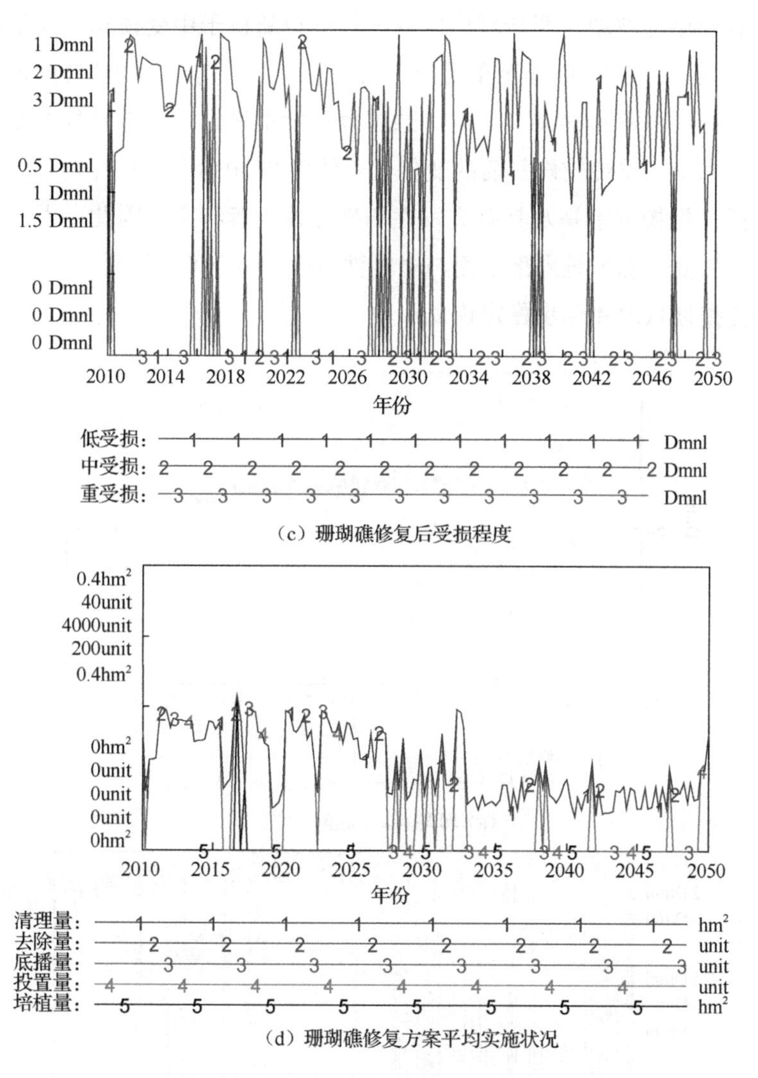

（c）珊瑚礁修复后受损程度

（d）珊瑚礁修复方案平均实施状况

图 7.6 珊瑚礁生态系统诊断及修复模拟结果——陆源沉积阈值情景

3. 长棘海星暴发阈值

图 7.7 是西沙珊瑚礁生态系统处于长棘海星暴发阈值情景的诊断与修复前后的结果对比图，以下主要从修复前和修复后进行综合分析。生态修复前，西沙珊瑚礁生态系统完整性基本表现为波动下降趋势，与捕捞活动影响下的退化轨迹存在一定的相似性，这主要是因为两组反馈环最终均作用于长棘海星与活珊瑚的相对捕食关系。但由于长棘海星暴发预设具有随机性，因而该情景内的生态系统完

整性状况表现更为波动，西沙珊瑚礁受损程度也随机于中受损和重受损间起伏变换，直到2044年末完全跌落至重受损，反映了西沙珊瑚礁各功能群此消彼长的生态博弈和系统内部涨落的调节效应。通过执行模型设定的生态修复方案后，西沙珊瑚礁生态系统完整性较修复前的变化主要体现在2038年后的平稳回升期。不同于人类干扰，生物灾害暴发具有突发性和破坏性大等特点，因此，人工生态修复主要体现在恢复生态系统内部平衡与多样性方面，结合各类修复技术的对应实施，生态系统完整性状况才逐步稳定恢复。

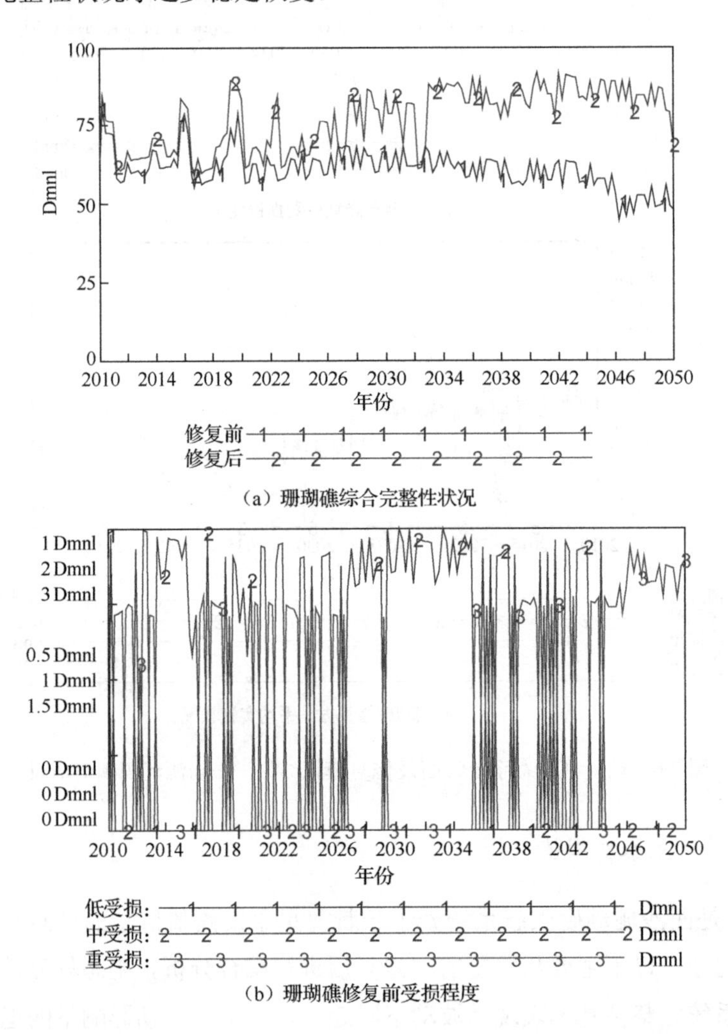

（a）珊瑚礁综合完整性状况

（b）珊瑚礁修复前受损程度

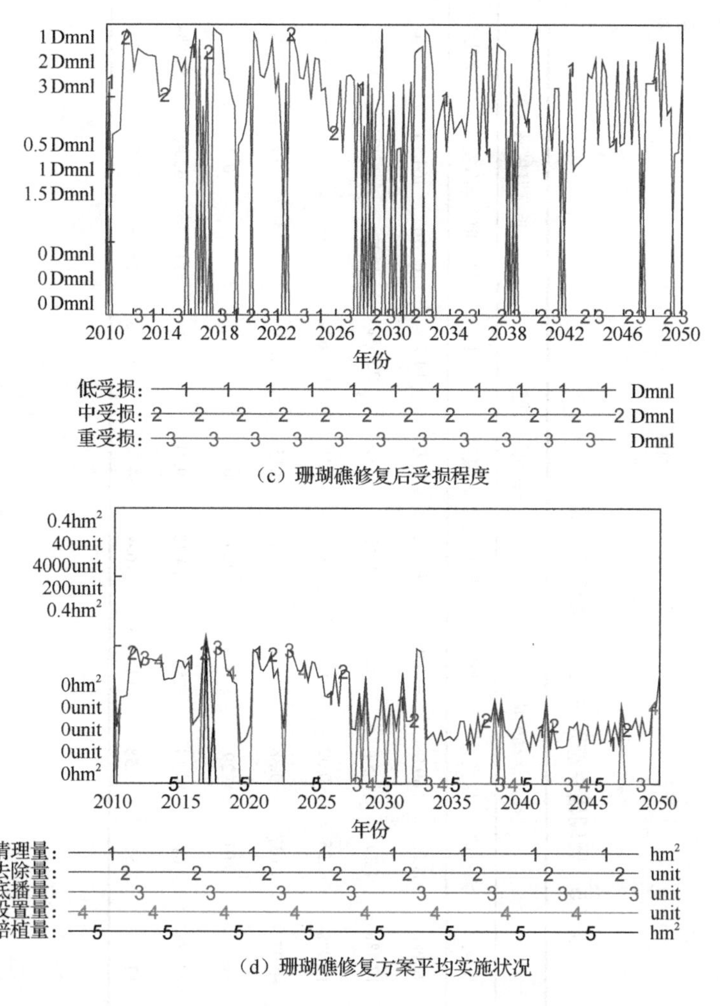

（c）珊瑚礁修复后受损程度

（d）珊瑚礁修复方案平均实施状况

图 7.7　珊瑚礁生态系统诊断及修复模拟结果——长棘海星暴发阈值情景

7.4.3　珊瑚礁修复效果评价及分析

珊瑚礁生态修复模拟过程中，对其进行生态修复效果评价是十分必要的，方法通常有直接对比法、属性分析法和轨道分析法[190]。虽然模型已从生态系统完整性的角度表现了其修复前后所经历的不同发展轨迹，在一定程度上预见了珊瑚礁生态系统多情景人工生态修复的可行性及恢复潜力，但为了进一步明确并检验修复效果，客观反映生态系统演化进程的一般状况，对主要参考变量 2010～2050 年的平均水平进行综合考察。以下是典型情景修复前后的相关对比结果（表 7.5）。

表 7.5　珊瑚礁生态系统典型情景修复状况

参考平均值	基础情景			捕捞活动阈值			陆源沉积阈值			长棘海星暴发阈值		
	修复前	修复后	变化	修复前	修复后	变化	修复前	修复后	变化	修复前	修复后	变化
综合完整性指数/Dmnl	72.52	77.43	+6.8%	63.02	69.9	+10.9%	63.62	72.97	+14.7%	60.96	64.98	+6.6%
珊瑚礁受损程度/Dmnl	1.41	1.16	−17.7%	1.89	1.54	−18.5%	1.86	1.39	-25.3%	2	1.77	−11.5%
系统恢复趋势/Dmnl	0.26	0.31	+19.2%	−0.35	−0.02	+94.3%	−0.33	0.21	+163.6%	−0.35	−0.04	+88.6%
活珊瑚增长率/%	0.11	1.08	+0.97	−10.37	−0.38	+9.99	−14.2	0.15	+14.35	−18.13	−0.86	+17.27
珊瑚礁增长率/%	0.14	0.34	+0.2	−0.01	0.29	+0.3	−0.32	−0.01	+0.31	−0.07	0.23	0.3
草食性鱼类数量/万条	29.06	37.12	+27.7%	4.61	16.14	+250.1%	14.13	29.21	+106.7%	21.37	32.46	+51.9%
调控类生物数量/万只	35.52	40.36	+13.6%	7.51	18.58	+147.4%	16.4	34.56	+110.7%	25.63	38.26	+49.3%

由表 7.5 可以明显看出，根据各情景初始设置的不同，直接衡量西沙珊瑚礁生态系统完整性的相关变量，即珊瑚礁综合完整性指数、珊瑚礁受损程度和系统恢复趋势，相比于修复前均有不同程度的改善。其中，基础情景由于其初始完整性较好、受损程度较低，修复后各指数的变化幅度较小。干扰情景中，虽然三组情景均为活珊瑚消亡阈值状态，即修复前的平均综合完整性指数和受损程度相近，但陆源沉积阈值情景的修复效果要明显好于其他两者，说明了这类对珊瑚礁生态系统造成直接影响的人类干扰因子通过及时诊断和适应性修复，相对于其他复杂反馈因子更易针对并修复。

此外，为了客观反映模拟中珊瑚礁生态系统修复的本质性和实效性，本章还对主要的生物指标进行了对比。作为本次修复关注的核心，活珊瑚和珊瑚礁增长率的变化可直接表现两者的恢复状况和整体水平，而草食性鱼类和调控类生物功能群数量的变化也是反映珊瑚礁生态系统结构和功能完整的重要因素。基础情景中，活珊瑚和珊瑚礁增长率经过修复后，整体达到或接近完整性评价基准中的较高水平，鱼类和调控生物量平均提升了 20%左右。干扰情景中，三类干扰均为活珊瑚消亡阈值状态，相对于生态系统的逐渐衰退，对其适应性修复的主体工作仍在进行中，因而活珊瑚和珊瑚礁增长率年均值部分为负数，但从其修复变化状况及修复末期完整性发展趋势来看，活珊瑚和珊瑚礁恢复效果良好，鱼类和调控生物量也根据不同情景均有大幅提升，若适当延长模拟时间或加大修复力度，西沙珊瑚礁生态系统未来恢复应达到新的完整平衡态。

综上所述，从各情景诊断及修复模拟结果来看，利用系统动力学模型进行的西沙珊瑚礁人工生态修复基本上是有效可行的。例如，模型中清理底质以降低沉积物对珊瑚生长的不利影响，移植珊瑚以提升珊瑚种群的增长率，投置人工礁以增加珊瑚礁的环境容纳量等。这些方法都基于自适应、自反馈的修复方式推进了西沙珊瑚礁生态系统的快速恢复，并试图通过改变系统演变的阈值边界或恢复弹性来实现珊瑚礁的生态修复。

8 西沙珊瑚礁生态系统适应性循环和适应性管理

8.1 珊瑚礁生态系统适应性循环

生态系统适应性循环是理解复杂生态系统演化过程的重要手段与思维模式，对于探寻珊瑚礁生态系统的适应性修复和管理具有重要意义（图 8.1）。根据生态系统适应性循环理论，珊瑚礁生态系统的演化过程一般分为四个阶段：开发阶段（r）、保护阶段（k）、释放阶段（Ω）和重组阶段（α），每个阶段都对应生态系统不同发展时期的演化特点。

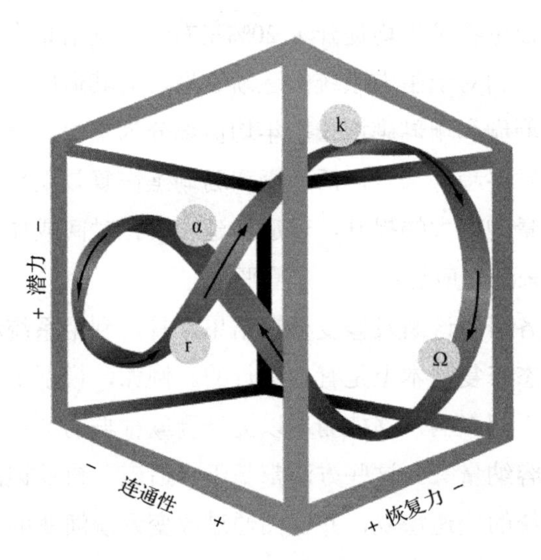

图 8.1 生态系统适应性循环示意图[190]

（1）开发阶段：又称为快速生长阶段，珊瑚礁生态系统内的各种生物将尽可能地利用各种现有资源和新的机会寻求自身发展，偏向于 r-对策者（如鹿角珊瑚等海洋先锋种），它们通过大量繁殖，快速占据每一个可能的生态位（如海洋底质空间等）。此时，生态系统内各种群间的联系很少，内部调节能力也很微弱。

（2）保护阶段：又称为稳定守恒阶段，进入该阶段后，珊瑚礁生态系统的各类物质和能量开始缓慢积累存储，生物优势种开始由 r-对策者向 k-对策者转化，竞争力更强的珊瑚和生物往往寿命更长，也可以更高效地利用礁区资源。此时，系统内种群间的联系日益紧密，内部调节能力也逐渐增强。但随着系统演化，生态系统发展趋于瓶颈，此时，珊瑚礁生态系统结构虽日趋稳定，但生态弹性降低，生态系统受外界干扰的风险随之加大。

（3）释放阶段：当前一阶段受到的胁迫累积（如过度捕捞、陆源污染等）接近或超过其承载能力时，原有的珊瑚礁生物关系与平衡被打破，生态系统的结构和功能遭到破坏，原有的紧密相连的资源（如珊瑚共生虫黄藻）被释放，系统自我调节机制受到损害，最终导致珊瑚礁生态系统内已有的和潜在的各类资源被流失出系统，同时也为下一阶段的演化（或生态演替）奠定了可能性。

（4）重组阶段：进入该阶段后，系统演化充满多种不确定性和可能性。生态系统处于一种混乱状态，几乎没有稳定的平衡状态，也缺少相应的吸引子和引力域。重组阶段后期，即当出现新的优势种或发生生态演替时，生态系统将从重组阶段又进入新的开发阶段。

8.2　西沙珊瑚礁生态系统适应性循环

基于西沙珊瑚礁生态系统的完整性评价状况与受损程度，以西沙珊瑚礁生态系统的基础情景为例，对其生态演化过程进行了阶段划分（图 8.2～图 8.5），并简要分析阶段特征及修复前后的生态系统适应性循环变化。

（1）根据生态系统适应性循环特征，结合修复前的生态系统完整性评价与受损程度状况，西沙珊瑚礁生态系统从 2010～2050 年共经历了一个循环圈和若干循环阶段：2010～2020 年为开发阶段（r），生态系统处于初始发展时期，各类生物充分利用资源以快速发展，因而系统完整性状况处于波动变化中；2020～2034 年为保护阶段（k），各类功能群数量逐步增长，系统的物质流和能量流处于稳定且缓慢积蓄中，生态系统结构趋于成熟，但在 2030 年后生态系统完整性状况出现了较为明显的“U”形波动，并以此为节点，系统演化进入了下个阶段；2034～2038 年为释放阶段（Ω），随着胁迫因子干扰或环境容量受限，生态系统完整性开始表现出剧烈的波动变化；2038～2040 年为重组阶段（α），该阶段持续时间较短，随着新的吸引子出现，生态系统逐渐过渡到下个演化循环中，并在 2042 年后生态系统经过新的循环积累上升达到了更高的完整性水平。

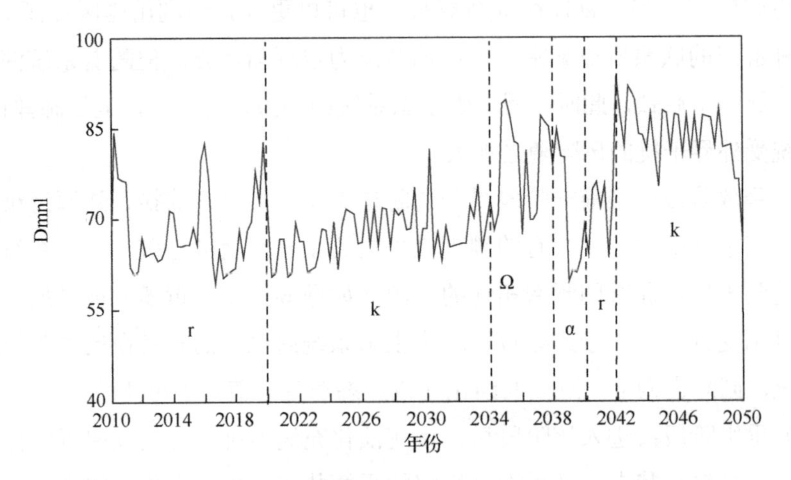

图 8.2　西沙珊瑚礁生态系统适应性循环阶段划分——修复前

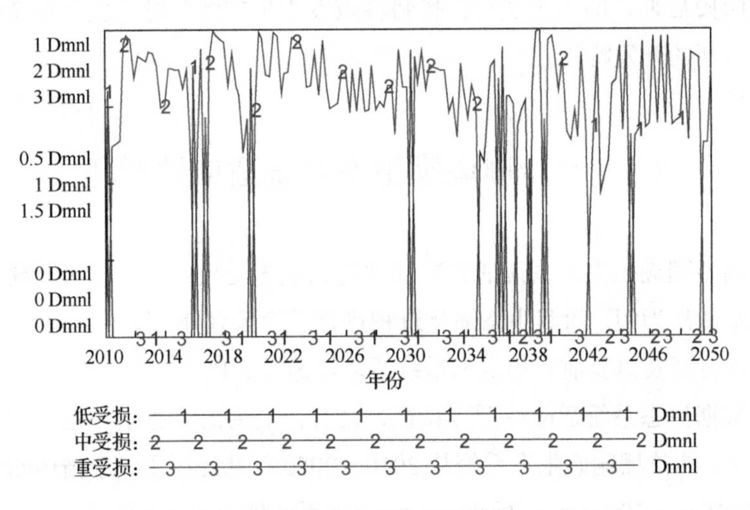

图 8.3　西沙珊瑚礁生态系统受损程度——修复前

（2）根据生态系统适应性循环特征，修复后的西沙珊瑚礁生态系统从 2010～2050 年同样经历了一个循环圈和若干循环阶段：2010～2022 年为开发阶段（r），生态系统处于良性发展时期，但由于修复措施干预的初始敏感性，系统演化趋势较修复前波动尤为明显；2022～2028 年为保护阶段（k），生态系统在自身稳定发育的状态下，继续辅以生态修复，因此生态系统的物质和能量积蓄速度较修复前有所加快，但在 2026 年后生态系统完整性状况同样出现了较为明显的“U”形波动，因而为系统演化方向潜藏了一定风险性；2028～2032 年为释放阶段（Ω），随着胁迫因子和修复措施的同时作用，生态系统完整性开始表现出明显的权衡性变化；2032～2034 年为重组阶段（α），该阶段持续时间依然较短，不同于自然状态演化，生态系统由于适应性修复的积极作用，快速演化到更高的生态系统完整性水平，并将系统整体保持在较为平稳的发展状态。

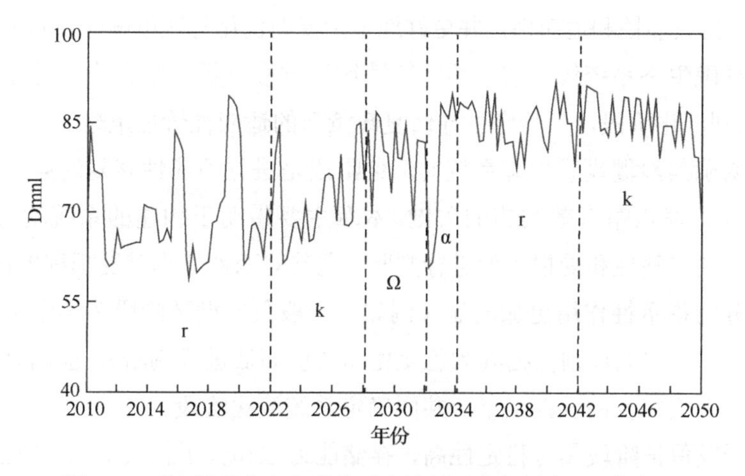

图 8.4　西沙珊瑚礁生态系统适应性循环阶段划分——修复后

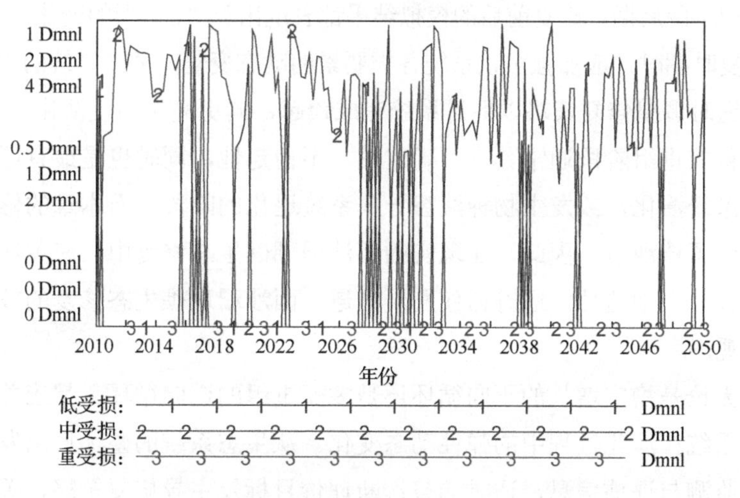

图 8.5　西沙珊瑚礁生态系统受损程度——修复后

8.3　西沙珊瑚礁生态系统适应性管理

由于西沙珊瑚礁生态系统的复杂性和信息获取的有限性，目前研究尚无法对西沙珊瑚礁生态系统进行完备的定量评价和模拟，加之模型自身的“不确定性属性”，生态修复过程必须采取适应性管理的方式，以弥补当前相关理解上的不足，使管理过程保持灵活性和适应性，并更好地平衡模型优化与决策偏好间的关系。通过对西沙珊瑚礁生态系统修复前后的适应性循环过程分析，结合修复目标，制定了“先动态识别演化阶段，后划定主导修复政策”的适应性管理策略。

（1）明确西沙珊瑚礁生态系统的演化阶段是进行适应性修复的第一步，也是保证适应性管理策略有效实施的关键。本章主要借助于构建的系统动力学模型，运用生态系统完整性和受损程度进行判断。尤其对西沙珊瑚礁受损程度评价而言，其阶段划分的指示性作用更加明显（例如，一般负向循环阶段多集中于受损程度密集变化区，正向循环则依据其颜色变化和数值高低进行判断）。但同时仍要结合监测数据和现实修复的反馈结果，共同确定系统演化阶段。

（2）开发保护阶段具有稳定性高、存储能力强和善于积累资源等特点。因此，在该阶段的西沙珊瑚礁生态修复中，应以维持和保障生态系统的稳定发展为主导。但对于保护阶段后期，修复前后的模拟结果都表现出类“U”形的变化趋势，因此，处于该修复时期时，应加强辨识系统各类要素的动态变化，关注系统的主要功能是否正常，适时调整修复策略以促进系统完成跨越，向更高级系统演化。

（3）释放重组阶段通常具有不确定性、不稳定性，同时也是最有可能发生向更高级的系统演化，或发生物种演替导致系统退化的阶段，而本章的修复模拟过程同样论证了该观点。因此，在现实的西沙珊瑚礁生态修复中，应关注负向循环阶段的各种潜在创造性，适时抓住发展机遇，西沙珊瑚礁生态修复的效果或将发生明显改观。

（4）无论是稳定增长的正向循环还是多变重组的逆向循环，都应关注西沙珊瑚礁生态系统在演化过程中的弹性动态变化。从生态系统的整体性出发，根据不断更新的监测与评估信息，适时调整诊断评价目标及主导修复策略，关注系统不同层级间的尺度效应。此外，即使面对一些机理过程尚不明确的问题，仍需采取一定的措施以增强解决问题的柔性。

9 结论与讨论

9.1 结　　论

本书在系统科学理论、生态弹性理论、生态系统完整性理论和人工生态学理论基础上，以西沙生态监控区为研究对象，运用系统动力学方法，深入分析了西沙珊瑚礁生态系统演化当中的环境胁迫因子，构建了环境胁迫下的西沙珊瑚礁生态系统动力学模型，分析了西沙珊瑚礁生态系统的整体演化过程，并通过多情景设计和诊断修复模拟，系统分析了代表性的人类活动和生物灾害暴发干扰下的西沙珊瑚礁生态系统的多情景演化轨迹，最后从适应性循环的角度探讨了未来我国西沙珊瑚礁生态系统修复和管理模式。研究结论主要如下。

基于环境胁迫西沙珊瑚礁生态系统动力学模型得出如下结论。

（1）基于西沙珊瑚礁生态系统动力学模型的因果关系与初始值，基础模拟运行结果显示：珊瑚的面积先增加后略有下降，模拟后期珊瑚的面积达到了近 88.76hm^2，较模拟初期面积有所减少，年均下降 4.8%。

（2）基于模型的变量调控，即海水温度、海水 pH、陆源沉积和营养盐，分别对珊瑚和珊瑚礁进行敏感性测试，以分析模型关键变量对模拟结果的影响程度。

（3）构建了环境胁迫下的西沙珊瑚礁生态系统动力学模型，并分别设计单因子扰动、双因子扰动和多因子扰动，揭示西沙珊瑚礁生态系统的多情景动态演变过程。结果表明：①相对于其他两类环境因子，长棘海星的大规模暴发是造成西沙珊瑚礁生态系统中造礁石珊瑚面积增减的主要自然原因，是导致西沙珊瑚礁生态系统退化的主要环境因子；②对环境胁迫因子而言，单因子扰动在不触及系统敏感阈值区时，系统会根据自身弹性保持一定的恢复力，但双因子扰动和多因子扰动将促使已经被破坏的，甚至相对健康的西沙珊瑚礁生态系统发生相变，生态系统结构和功能遭到破坏，生态系统完整性丧失，这种影响是深入持久的。

（4）在环境胁迫下的西沙珊瑚礁生态系统动力学模型之上，通过参数调控，分别设置调控方案，形成“正向胁迫，反向应对”，进行应对环境胁迫西沙珊瑚礁人工生态系统动态仿真模拟。模拟结果显示：①对比分析几类主要环境因子，任一单一环境因子的改善对西沙珊瑚礁生态系统的退化趋势具有一定缓解作用，但尚未从根本上扭转西沙珊瑚礁生态系统退化的趋势；②综合施策促使多环境因子共同改善更有助于西沙珊瑚礁生态系统的保护和修复。就模型本身和参数调控来看，实施积极的长棘海星移除政策可以有效促进西沙珊瑚礁生态系统的保护和修复。

基于诊断修复西沙珊瑚礁生态系统动力学模型得出如下结论。

（1）基于模型的因果关系和初始值，运行结果表明：活珊瑚和珊瑚礁覆盖面积总体呈上升趋势，截至2050年活珊瑚和珊瑚礁面积各达到115.14hm^{2}和319.15hm^2，年均增长率分别为0.12%和0.16%。

（2）基于模型的政策变量，即捕捞活动、陆源沉积、排放无机氮总量、成熟大藻随机暴发和长棘海星暴发，分别对活珊瑚和珊瑚礁进行了敏感性测试。人为因子干扰中，陆源沉积对模拟结果的影响最大，捕捞活动次之，排放无机氮总量的影响最小。生物因子干扰中，长棘海星暴发对模拟结果的影响最大，成熟大藻随机暴发的敏感影响性很小。

（3）构建了人类活动和生物灾害暴发对西沙珊瑚礁群落的多情景扰动实验。结果表明：①人类活动干扰中，单因子扰动组中捕捞活动对群落衰退的影响方式最为直接，演替现象明显；陆源沉积对群落衰退的影响速度较快且趋于整体化；排放无机氮总量对群落衰退的影响相对迟滞。双/多因子扰动组中叠加扰动加快了群落衰退速率，使其发展轨迹愈加复杂多样。②生物灾害暴发干扰中，基于变量间的反馈关系，对大藻和长棘海星暴发事件独立出现的可能性进行了探讨。大藻随机暴发需具备一定的外在条件，且捕捞活动对大藻随机暴发的正反馈影响大于排放无机氮总量。长棘海星暴发的可能性明显大于藻类随机暴发，且捕捞活动对长棘海星暴发的正反馈影响大于排放无机氮总量。

（4）在西沙珊瑚礁生态系统完整性和修复模式研究基础上，通过多情景受损诊断及修复反馈过程，构建了西沙珊瑚礁生态系统动态诊断及修复模型，尝试设计了适应性生态修复模式，即低、中、高三类修复策略和应急修复预案。通过西沙珊瑚礁典型情景的诊断修复模拟及修复效果评价，生态系统修复效果良好，结果证实了利用系统动力学方法进行的西沙珊瑚礁人工生态修复的合理性和有效性。

（5）基于生态系统适应性循环理论，对西沙珊瑚礁生态系统基础情景的生态系统演化过程进行了阶段划分及适应性循环分析，结合修复目标，制定了“先动态识别演化阶段，后划定主导修复政策”的适应性管理策略。

9.2 讨 论

（1）环境胁迫模型主要考虑的是西沙珊瑚礁生态系统各个功能群与环境间的多重反馈关系，且以功能群的形式存在于模型之中，尚未涵盖涉及西沙珊瑚礁生态系统的所有功能群，功能群内部虽然存在物种及个体差异，但功能物种的聚集对于系统层面的模拟目的来说是有效的，并且校验分类不会显著改变模型结果。同时，西沙珊瑚礁系统在演变过程中应存在多稳态，不同状态的转化都存在其阈值，并且西沙珊瑚礁各类生物在不同相变过程中的转化机制也有待深入研究[191]。

（2）导致西沙珊瑚礁生态系统退化的因素很多，模型仅选取其中几种具有代表性的自然因素，这并不意味着其他因素对西沙珊瑚礁生态系统没有影响。此外，模型只是初步引入海水温度、海水 pH、陆源沉积和长棘海星暴发四类环境因子，对西沙珊瑚礁生态系统的相关影响及响应机制尚未理清。此外，未来模型也可以引入厄尔尼诺和热带气旋等自然灾害，更能反映系统的突变效应[192]。

（3）本书主要从“正向胁迫和反向应对”的角度阐明环境胁迫下的西沙珊瑚礁生态系统多情景动态演变过程，模型参数设置和调控可能考虑不够全面，如海洋酸化和气候变暖是全球变化的大趋势，对西沙珊瑚礁生态系统的相关影响和响应机制尚未完全理清，目前还无法完全预测其未来发展趋势。

（4）考虑到西沙珊瑚礁生态系统的复杂性，诊断修复模型以功能群为连接变量，从整体上构建系统演变的因果关系。功能群内部虽然存在物种及个体差异，但功能物种的聚集对于系统层面的模拟目的来说是有效的，并且校验分类不会显著改变模型结果。目前，模型在变量设置及相关解释上仍以功能群数量为主，对西沙珊瑚礁生态系统的深层次理解还十分有限，将来可结合能量流理论对西沙珊瑚礁生态过程做进一步分析[193-196]。

（5）诊断修复模型在有限的数据基础上，以造礁石珊瑚、大型藻类、鹦嘴鱼、大法螺和长棘海星代表西沙珊瑚礁食物网中五类功能群，并不是结构任意的简化，更多考虑的是群组相关性及系统的可恢复性。就内生变量而言，调控类生物对西沙珊瑚礁恢复的影响无疑是更加直接的，并且近年来西沙珊瑚礁生态系统中长棘海星暴发也被认为可能与法螺的过度捕捞有关。因此，将其加入模型并结合捕捞政策的变化，以尝试从系统的角度理解西沙珊瑚礁退化原因和调控类功能群的反馈作用机制。若今后使用该模型，建议从当地西沙珊瑚礁退化原因出发，甄选出功能种，并适当扩大模型边界，将珊瑚礁、红树林和海草床三类浅海生态系统作为一个整体协同考虑[197-199]。

（6）已有的珊瑚礁生态系统评估研究大多集中于健康视角，反映的是系统当前的“繁茂”状态。因此，从更多表现生态系统演化过程的生态系统完整性出发，结合敏感性分析与多情景模拟的关键影响变量构建了受损诊断模型。但受模型构建框架所限，今后的诊断变量选取还应根据管理目标，考虑更多反映系统功能和生态弹性的因子。此外，由于西沙珊瑚礁生态系统的复杂性，未来仍迫切需要建立多种有效的适应性评价方法，并从不同尺度全面考察，建立一套成熟的、真正可以有效推广的西沙珊瑚礁诊断评价方法和评价标准体系[200-204]。

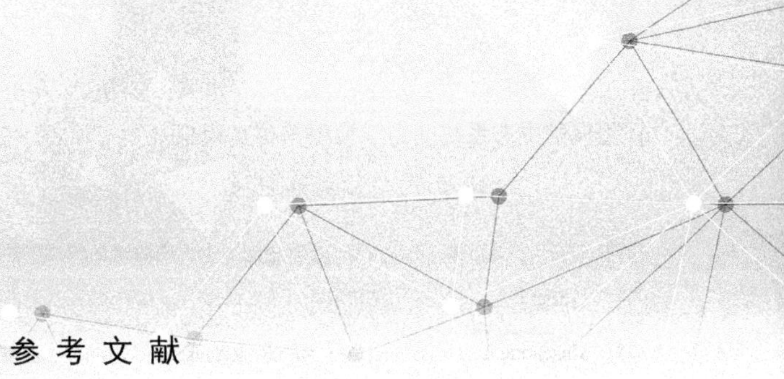

参 考 文 献

[1] 李泽鹏. 主要环境因子对滨珊瑚的胁迫作用研究[D]. 湛江: 广东海洋大学, 2012: 1-3.

[2] 周进, 晋慧, 蔡中华. 微生物在珊瑚礁生态系统中的作用与功能[J]. 应用生态学报, 2014, 25(3): 919-930.

[3] Baker A C, Glynn P W, Riegl B. Climate change and coral reef bleaching: an ecological assessment of long-term impacts, recovery trends and future outlook[J]. Estuarine Coastal & Shelfence, 2008, 80(4): 435-471.

[4] 张乔民, 余克服, 施祺, 等. 全球珊瑚礁监测与管理保护评述[J]. 热带海洋学报, 2006(2): 71-78.

[5] 胡长顺. 全珊瑚骨料海水混凝土与 FRP 筋粘结性能试验研究[D]. 徐州: 中国矿业大学, 2020.

[6] Hughes T P, Anderson K D, Connolly S R, et al. Spatial and temporal patterns of mass bleaching of corals in the Anthropocene[J]. Science, 2018, 359(6371): 80-83.

[7] 张宁. 全球珊瑚礁生态保护的困境与应对[J]. 生态经济, 2019, 35(11): 5-8.

[8] 李元超, 黄晖, 董志军, 等. 珊瑚礁生态修复研究进展[J]. 生态学报, 2008(10): 5047-5054.

[9] 黄晖, 董志军, 练健生. 论西沙群岛珊瑚礁生态系统自然保护区的建立[J]. 热带地理, 2008, 28(6): 540-544.

[10] 王耕, 常畅, 于小茜, 等. 基于文献计量分析的珊瑚礁研究现状与热点[J]. 生态学报, 2019, 39(3): 1114-1123.

[11] 王耕, 关晓曦. 珊瑚礁生态系统模型研究现状及热点分析[J]. 生态学报, 2020, 40(4): 1496-1503.

[12] 聂宝符, 陈特固, 彭子成. 由造礁珊瑚重建南海西沙海区近 220a 海面温度序列[J]. 科学通报, 1999(17): 3-5.

[13] 时小军, 余克服, 陈特固, 等. 中-晚全新世高海平面的琼海珊瑚礁记录[J]. 海洋地质与第四纪地质, 2008(5): 1-9.

[14] 李秀保, 黄晖, 练健生, 等. 珊瑚及共生藻在白化过程中的适应机制研究进展[J]. 生态学报, 2007(3): 1217-1225.

[15] 吴佳庆, 刘刚, 韩孝辉, 等. 珊瑚礁的成岩作用: 来自南海永兴岛珊瑚礁的原位地球化学研究[J]. 海洋地质前沿, 2021, 37(1): 31-44.

[16] Hoegh-Guldber G O, Smith G J. The effect of sudden changes in temperature, light and salinity on the population density and export of zooxanthellae from the reef corals Stylophora pistillata Esper and Seriatopora hysirix Dana [J]. Journal of Experimental Marine Biology and Ecology, 1989, 129(3): 279-303.

[17] Warner M E, Fitt W K, Schmidt G W. The effects of elevated temperature on the photosynthetic efficiency of zooxanthellae in hospite from different species of reef coral: a novel approach[J]. Plant Cell and Environment, 1996, 19(3): 291-299.

[18] Salih A, Hoegh-Guldber G O, Schmidt G W. Bleaching responses of symbiotic dinoflagellates in corals: the effects of light and elevated temperature on their morphology and physiology[R]. Proceedings of the Australian Coral Reef Society 75th Anniversary Conference, Heron Island, 1997: 199-216.

[19] 雷新明, 黄晖, 王华接, 等. 升温胁迫对珊瑚及其共生藻影响的初步研究[J]. 热带海洋学报, 2008, 27(5): 55-59.

[20] 潘蔚娟, 钱光明, 余克服, 等. 华南近海近 40 年的实测 SST 变化特征[J]. 热带气象学报, 2007(3): 271-276.

[21] 左秀玲, 苏奋振, 王琦, 等. 全球变化下中国南海诸岛珊瑚礁热压力临时避难所研究[J]. 地理科学, 2020, 40(5): 814-822.

[22] Muscatine L, Grossman D, Doino J. Release of symbiotic algae by tropical sea anemones and corals after cold shock[J]. Marine Ecology Progress Series, 1991, 77: 233-243.

[23] 赵美霞, 余克服. 冷水珊瑚礁研究进展与评述[J]. 热带地理, 2016, 36(1): 94-100.

[24] 李淑, 余克服, 施祺, 等. 造礁石珊瑚对低温的耐受能力及响应模式[J]. 应用生态学报, 2009, 20(9): 2289-2295.

[25] Roberts H H, Rouse L J, Walker N D, et al. Cold water stress in Florida Bay and northern Bahamas: a product of winter cold-air outbreaks[J]. Journal of Sedimentray Petrology, 1982, 52: 145-156.

[26] Haugan P M, Drange H. Effects of CO_2 on the ocean environment[J]. Energy Conversion and Management, 1996, 37(6-8): 1019-1022.

[27] 杨红生, 许帅, 林承刚, 等. 典型海域生境修复与生物资源养护研究进展与展望[J]. 海洋与湖沼, 2020, 51(4): 809-820.

[28] 唐启升, 陈镇东, 余克服, 等. 海洋酸化及其与海洋生物及生态系统的关系[J]. 科学通报, 2013, 58(14): 1307-1314.

[29] Takahashi A, Kurihara H. Ocean acidification does not affect the physiology of the tropical coral Acropora digitifera during a 5-week experiment[J]. Coral Reefs, 2013, 32(1): 305-314.

[30] 沈建伟, 杨红强, 王月, 等. 西沙永兴岛珊瑚礁坪的群落动态和浅水碳酸盐沉积特征[J]. 中国科学: 地球科学, 2014, 44(3): 472-487.

[31] Gattuso J, Frankignoulle M, Bourge I, et al. Effect of calcium carbonate saturation of seawater on coral calcification[C]. Grid and Pervasive Computing, 1998, 18(1): 37-46.

[32] Pelejero C, Calvo E, Mcculloch M, et al. Preindustrial to modern interdecadal variability in coral reef pH[J]. Science, 2005, 309(5744): 2204-2207.

[33] Smith J E, Price N N, Nelson C E, et al. Coupled changes in oxygen concentration and pH caused by metabolism of benthic coral reef organisms[J]. Marine Biology, 2013, 160(9): 2437-2447.

[34] 陈雪霏, 韦刚健, 邓文峰, 等. 珊瑚礁海水 pH 变化及其对海洋酸化的意义[J]. 热带地理, 2016, 36(1): 41-47.

[35] 郑梅迪, 曹龙. 全球海洋酸化及浅水和冷水珊瑚礁化学生存环境的模拟研究[J]. 气候变化研究进展, 2015, 11(3): 185-194.

[36] Comeau S, Carpenter R C, Lantz C A, et al. Ocean acidification accelerates dissolution of experimental coral reef communities[J]. Biogeosciences, 2015, 12(2): 365-372.

[37] Hoegh-Guldberg O, Mumby P J, Hooten A J, et al. Coral reefs under rapid climate change and ocean acidification[J]. Science, 2007, 318(5857): 1737-1742.

[38] 刘丽, 李泽鹏, 申玉春, 等. 四种环境因子对澄黄滨珊瑚和斯氏角孔珊瑚胁迫作用研究[J]. 热带海洋学报, 2013, 32(3): 72-77.

[39] 杨小东, 申玉春, 刘丽, 等. 温度、pH 和盐度对珊瑚小穗生长的影响[J]. 海洋环境科学, 2014, 33(1): 53-59.

[40] 马鸿梅, 王云祥, 秦传新, 等. 风信子鹿角珊瑚对环境因子的响应研究[J]. 海洋渔业, 2019, 41(5): 536-545.

[41] Cortés J N, Risk M J. A reef under siltation stress: Cahuita, Costa Rica[J]. Bulletin of Marine Science, 1985, 36(2): 339-356.

[42] Hughes T P. Catastrophes, phase shifts, and large-scale degradation of a Caribbean coral reef[J]. Science, 1994, 265(5178): 1547-1551.

[43] 黄晖, 李秀保. 南海珊瑚生物学与珊瑚礁生态学[J]. 科学通报, 2013, 58(17): 1573.

[44] 郑思海. 全球海洋正在加速变暖变酸[J]. 生态经济, 2021, 37(6): 5-8.

[45] Muiz-Castillo A I, Arias-González J E. Drivers of coral bleaching in a Marine Protected Area of the Southern Gulf of Mexico during the 2015 event[J]. Marine Pollution Bulletin, 2021, 166: 112256.

[46] Radecker N, Pogoreutz C, Voolstra C R, et al. Nitrogen cycling in corals: the key to understanding holobiont functioning?[J]. Trends in Microbiology, 2015, 23(8): 490-497.

[47] 王章义, 师彦飞, 宋莹莹, 等. 水质与珊瑚增长速率关系研究[J]. 海洋湖沼通报, 2018(4): 82-90.

[48] 李银强, 余克服, 王英辉, 等. 珊瑚藻在珊瑚礁发育过程中的作用[J]. 热带地理, 2016, 36(1): 19-26.

[49] 廖芝衡, 余克服, 王英辉. 大型海藻在珊瑚礁退化过程中的作用[J]. 生态学报, 2016, 36(21): 6687-6695.

[50] 许莉佳, 余克服, 李淑. 海南岛澄黄滨珊瑚共生藻对环境变化的适应性[J]. 热带地理, 2016, 36(6): 915-922.

[51] 雷新明, 黄晖, 练健生, 等. 三亚珊瑚礁珊瑚藻种类及其空间特征与环境因子的关系[J]. 热带海洋学报, 2019, 38(3): 79-88.

[52] 朱葆华, 王广策, 黄勃, 等. 温度、缺氧、氨氮和硝氮对 3 种珊瑚白化的影响[J]. 科学通报, 2004(17): 1743-1748.

[53] 黄玲英, 余克服. 珊瑚疾病的主要类型、生态危害及其与环境的关系[J]. 生态学报, 2010, 30(5): 1328-1340.

[54] 钱军, 李洪武, 王晓航, 等. 海南大洲岛珊瑚礁海域浮游植物群落特征研究[J]. 海洋湖沼通报, 2015(4): 111-119.

[55] 李元超, 韩有定, 陈石泉, 等. 砗磲采挖对珊瑚礁生态系统的破坏——以西沙北礁为例[J]. 应用海洋学学报, 2015, 34(4): 518-524.

[56] Broecker W, Langdon C, Takahashi T, et al. Factors controlling the rate of $CaCO_3$ precipitation on Grand Bahama Bank[J]. Global Biogeochem Cycles, 2001, 15(3): 589-596.

[57] 牛文涛, 徐宪忠, 林荣澄, 等. 沉积物对珊瑚礁及礁区生物的影响[J]. 海洋通报, 2010, 29(1): 106-112.

[58] 梁鑫, 彭在清. 广西涠洲岛珊瑚礁海域水质环境变化研究与评价[J]. 海洋开发与管理, 2018, 35(1): 114-119.

[59] Costa O S, Leao Z M, Nimmo M, et al. Nutrification impacts on coral reefs from northern Bahia, Brazil[J]. Hydrobiologia, 2000, 440(1): 307-315.

[60] Lambo A L, Ormond R F. Continued post-bleaching decline and changed benthic community of a Kenyan coral reef[J]. Marine Pollution Bulletin, 2006, 52(12): 1617-1624.

[61] 邢帅, 谭烨辉, 周林滨, 等. 水体浑浊度对不同造礁石珊瑚种类共生虫黄藻的影响[J]. 科学通报, 2012, 57(5): 348-354.

[62] Piniak G A. Effects of two sediment types on the fluorescence yield of two Hawaiian scleractinian corals[J]. Marine Environmental Research, 2007, 64(4): 456-468.

[63] Tong H Y, Cai L, Zhou G W, et al. Temperature shapes coral-algal symbiosis in the South China Sea[J]. Scientific Reports, 2017, 7: 40118.

[64] Jiang L, Sun Y, Zhang Y, et al. Impact of diurnal temperature fluctuations on larval settlement and growth of the reef coral Pocillopora damicornis[J]. Biogeosciences, 2017, 14(24): 5741-5752.

[65] 时翔, 谭烨辉, 黄良民, 等. 磷酸盐胁迫对造礁石珊瑚共生虫黄藻光合作用的影响[J]. 生态学报, 2008, 28(6): 2581-2586.

[66] 陈程浩, 吕意华, 李伟巍, 等. 三亚红塘湾珊瑚礁生态状况研究[J]. 海洋湖沼通报, 2020(4): 138-146.

[67] Jiang L, Zhang F, Guo M L, et al. Increased temperature mitigates the effects of ocean acidification on the calcification of juvenile Pocillopora damicornis, but at a cost[J]. Coral Reefs, 2018, 37(1): 71-79.

[68] Chang Y C, Hong F W, Lee M T. A system dynamic based on DSS for sustainable coral reef management in Kenting coastal zone, Taiwan[J]. Ecological Modelling, 2008, 211(1-2): 153-168.

[69] 周浩郎, 王欣, 梁文. 涠洲岛珊瑚礁特点、演变及保护与修复对策的思考[J]. 广西科学院学报, 2020, 36(3): 228-236.

[70] 王耕, 王希哲. 渔业扩张与珊瑚礁白化之间的关联性分析——以南海珊瑚礁为例[J]. 辽宁师范大学学报(自然科学版), 2019, 42(4): 518-524.

[71] 孙有方, 雷新明, 练健生, 等. 三亚珊瑚礁保护区珊瑚礁生态系统现状及其健康状况评价[J]. 生物多样性, 2018, 26(3): 258-265.

[72] 许慎栋, 张志楠, 余克服, 等. 南海造礁珊瑚 Favia palauensis 营养方式的空间差异及其对环境适应性的影响[J]. 中国科学: 地球科学, 2021, 51(6): 927-940.

[73] 薛惠鸿, 史锋, 刘威, 等. 过去千年 ENSO 演化历史重建再分析[J]. 第四纪研究, 2021, 41(2): 474-485.

[74] 李元超, 陈石泉, 郑新庆, 等. 永兴岛及七连屿造礁石珊瑚近 10 年变化分析[J]. 海洋学报, 2018, 40(8): 97-109.

[75] 李元超, 刘一霖, 黄洁英, 等. 西沙群岛珊瑚礁生态系统恢复的可行性研究[J]. 海洋开发与管理, 2015, 32(1): 101-103.

[76] Suzuki A, Nakamori T, Kayanne H. The mechanism of production enhancement in coral reef carbonate systems: model and empirical results[J]. Sedimentary Geology, 1995, 9(3-4): 259-280.

[77] 杨振雄, 张敬怀, 吕向立, 等. 涠洲岛造礁石珊瑚群落变化特征及其环境影响因子[J]. 生态学报, 2021, 41(18): 7168-7179.

[78] 黄小春, 刘丽婷. 矿区森林生态恢复生物技术工程系统分析[J]. 南方林业科学, 2015, 43(2): 45-49.

[79] 徐菲, 王永刚, 张楠, 等. 河流生态修复相关研究进展[J]. 生态环境学报, 2014, 23(3): 515-520.

[80] 陆发利, 郝亮, 王学东, 等. 岸堤水库汇水区林业生态修复工程设计[J]. 水土保持通报, 2010, 30(5): 106-108, 114.

[81] 何京丽. 北方典型草原水土保持生态修复技术[J]. 水土保持研究, 2004(3): 299-301.

[82] 毛德华, 夏军, 黄友波. 西北地区生态修复的若干基本问题探讨[J]. 水土保持学报, 2003(1): 15-18, 28.

[83] 姜欢欢. 我国海洋生态修复现状、存在的问题及展望[J]. 海洋开发与管理, 2013(1): 35-38.

[84] Turek J G. Science and technology needs for marine fishery habitat restoration[C]. Oceans, IEEE, 2000.

[85] Sumaila U R. Intergenerational cos-benefit analysis and marine ecosystem restoration[J]. Fish and Fisheries, 2004, 5(4): 329-343.

[86] Lipcius R N, Eggleston D B, Schreiber S J, et al. Importance of metapopulation connectivity to restocking and restoration of marine species[J]. Reviews in Fisheries Science, 2008, 16(1): 101-110.

[87] Abelson A, Halpern B S, Reed D C, et al. Upgrading marine ecosystem restoration using ecological-social concepts[J]. Bioscience, 2015, 66(2): 156-163.

[88] Montero-Serra I, Garrabou J, Doak D F, et al. Accounting for life-history strategies and timescales in marine restoration[J]. Conservation Letters, 2018, 11(1): 1-9.

[89] 张志卫, 刘志军, 刘建辉. 我国海洋生态保护修复的关键问题和攻坚方向[J]. 海洋开发与管理, 2018, 35(10): 26-30.

[90] 苏红岩, 李京梅. 基于改进选择实验法的广西红树林湿地修复意愿评估[J]. 资源科学, 2016, 38(9): 1810-1819.

[91] 吉云秀, 丁永生, 丁德文. 滨海湿地的生物修复[J]. 大连海事大学学报, 2005, 31(3): 47-52.

[92] 刘存歧, 杨军, 马晓利, 等. 种植菱和莲对白洋淀富营养化水体生态修复的效果[J]. 湿地科学, 2013, 11(4): 510-514.

[93] 张明慧, 孙昭晨, 梁书秀, 等. 海岸整治修复国内外研究进展与展望[J]. 海洋环境科学, 2017, 36(4): 635-640.

[94] Ammar M S A, Amin E M, Gundacker D, et al. One rational strategy for restoration of coral reefs: application of molecular biological tools to select sites for rehabilitation by asexual recruits[J]. Marine Pollution Bulletin, 2000, 40(7): 618-627.

[95] Rinkevich B. Conservation of coral reefs through active restoration measures: recent approaches and last decade progress[J]. Environmental Science & Technology, 2005, 39(12): 4333-4342.

[96] Bongiorni L, Giovanelli D, Rinkevich B, et al. First step in the restoration of a highly degraded coral reef(Singapore) by in situ coral intensive farming[J]. Aquaculture, 2011, 322-323: 191-200.

[97] Ramos-Scharrón C E, Torres-Pulliza D, Hernandez-Delgado E A. Watershed-and island wide-scale land cover changes in Puerto Rico(1930s–2004) and their potential effects on coral reef ecosystems[J]. Science of the Total Environment, 2015, 506-507: 241-251.

[98] Yee S H, Carriger J F, Bradley P, et al. Developing scientific information to support decisions for sustainable coral reef ecosystem services[J]. Ecological Economics, 2015, 115: 39-50.

[99] Ng C S L, Toh T C, Chou L M. Coral restoration in Singapore's sediment-challenged sea[J]. Regional Studies in Marine Science, 2016, 8(3): 422-429.

[100] Stuart-Smith R D, Brown C J, Ceccarelli D M, et al. Ecosystem restructuring along the Great Barrier Reef following mass coral bleaching[J]. Nature, 2018, 560(7716): 92-96.

[101] Costantini F, Abbiati M. Into the depth of population genetics: pattern of structuring in mesophotic red coral populations[J]. Coral Reefs, 2015, 35(1): 1-14.

[102] Tom S, Yossi L. Recruitment, mortality, and resilience potential of scleractinian corals at Eilat, Red Sea[J]. Coral Reefs, 2016, 35(4): 1357-1368.

[103] Hesley D, Burdeno D, Drury C, et al. Citizen science benefits coral reef restoration activities[J]. Journal for Nature Conservation, 2017, 40: 94-99.

[104] Hagedorn M, Carter V L, Henley E M, et al. Producing coral offspring with cryopreserved sperm: a tool for coral reef restoration[J]. Scientific Reports, 2017, 7(1): 14432.

[105] Darling E S, Isabelle M. Seeking resilience in marine ecosystems[J]. Science, 2018, 359(6379): 986-987.

[106] 张乔民. 我国热带生物海岸的现状及生态系统的修复与重建[J]. 海洋与湖沼, 2001(4): 454-464.

[107] 赵美霞, 余克服, 张乔民. 珊瑚礁区的生物多样性及其生态功能[J]. 生态学报, 2006(1): 186-194.

[108] 王道儒, 王华接, 李元超, 等. 雷州半岛珊瑚幼虫补充来源初步研究[J]. 热带海洋学报, 2011, 30(2): 26-32.

[109] 覃祯俊, 余克服, 王英辉. 珊瑚礁生态修复的理论与实践[J]. 热带地理, 2016, 36(1): 80-86.

[110] 赵焕庭, 王丽荣, 袁家义. 南海诸岛珊瑚礁可持续发展[J]. 热带地理, 2016, 36(1): 55-65.

[111] 唐阳, 闫玥, 贡小雷. 基于 MICP 珊瑚礁生态修复技术研究[J]. 土工基础, 2017, 31(5): 602-605.

[112] 张君珏, 苏奋振, 王雯玥. 南海资源环境地理研究综述[J]. 地理科学进展, 2018, 37(11): 1443-1453.

[113] 陈刚, 熊仕林, 谢菊娘, 等. 三亚水域造礁石珊瑚移植试验研究[J]. 热带海洋, 1995(3): 51-57.

[114] 于登攀, 邹仁林, 黄晖. 三亚鹿回头岸礁造礁石珊瑚移植的初步研究[M]//中国科学院生物多样性委会, 生物多样性与人类未来——第二届全国生物多样性保护与持续利用研讨会论文集. 北京: 第二届全国生物多样性保护与持续利用研讨会, 1996.

[115] 高永利, 黄晖, 练健生, 等. 大亚湾造礁石珊瑚移植迁入地的选择及移植存活率监测[J]. 应用海洋学学报, 2013, 32(2): 243-249.

[116] 李元超, 兰建新, 郑新庆, 等. 西沙赵述岛海域珊瑚礁生态修复效果的初步评估[J]. 应用海洋学学报, 2014, 33(3): 348-353.

[117] 黄晖, 张浴阳, 刘骋跃. 热带岛礁型海洋牧场中珊瑚礁生境与资源的修复[J]. 科技促进发展, 2020, 16(2): 225-230.

[118] 王欣, 高霆炜, 陈骁, 等. 涠洲岛园艺式珊瑚苗圃的架设与移植[J]. 广西科学, 2017, 24(5): 462-467.

[119] 徐平, 游小棠. 复杂系统研究的科学范式[J]. 陶瓷学报, 2017, 38(3): 433-435.

[120] 范冬萍. 系统科学哲学理论范式的发展与构建[J]. 自然辩证法研究, 2018, 34(6): 110-115.

[121] 高吉喜. 可持续发展理论探索[M]. 北京: 中国环境科学出版社, 2001.

[122] 张珍, 范冬萍. 从复杂系统科学的发展看突现与还原之争[J]. 系统科学学报, 2008(3): 43-47.

[123] 李湘德. 系统科学研究新范式引领哲学走向[J]. 系统科学学报, 2020(3): 45-49.

[124] 张旺君. 系统开放、反馈调节与渐进进化原理[J]. 系统科学学报, 2018, 26(3): 47-50.

[125] 刘晓平, 李鹏, 任宗萍, 等. 榆林地区生态系统弹性力评价分析[J]. 生态学报, 2016, 36(22): 7479-7491.

[126] Pimm S L. The complexity and stability of ecosystems[J]. Nature, 1984, 307(5949): 321-326.

[127] Walker B, Holling C S, Carpenter S R, et al. Resilience, adaptability and transformability in social-ecological systems[J]. Ecology and Society, 2004, 9(2): 5.

[128] McClanahan T R, Graham N S J, MacNeil M A, et al. Critical thresholds and tangible targets for ecosystem-based management of coral reef fisheries[J]. Proceedings of the National Academy of Sciences of the United States of America, 2011, 108(41): 17230-17233.

[129] Lam V Y Y, Doropoulos C, Mumby P J. The influence of resilience-based management on coral reef monitoring: a systematic review[J]. PLoS ONE, 2017, 12(2): e0172064.

[130] Bellwood D R, Hughes T P, Folke C, et al. Confronting the coral reef crisis [J]. Nature, 2004, 429(6994): 827-833.

[131] McClanahan T R, Donner S D, Maynard J A, et al. Prioritizing key resilience indicators to support coral reef management in a changing climate[J]. PLoS ONE, 2012, 7(8): e42884.

[132] Anders K, Stacy J, Chris R, et al. Mapping coral reef resilience indicators using field and remotely sensed data[J]. Remote Sensing, 2013, 5(3): 1311-1334.

[133] Maynard J A. Assessing relative resilience potential of coral reefs to inform management[J]. Biological Conservation, 2015, 192: 109-119.

[134] Ford A K, Eich A, McAndrews R S, et al. Evaluation of coral reef management effectiveness using conventional versus resilience-based metrics[J]. Ecological Indicators, 2018, 85: 308-317.

[135] Brian Walker, David Salt. 弹性思维: 不断变化的世界中社会-生态系统的可持续性[M]. 彭少麟, 陈宝明, 赵琼, 等, 译. 北京: 高等教育出版社, 2010.

[136] Leopold A. Sand county almanac and skecches here and there[M]. New York: Oxford University Press, 1949.

[137] Karr J R, Dudley I J. Ecological perspective on water quality goals[J]. Environment Manage, 1981(5): 55-681.

[138] 闫海明, 战金艳, 张韬. 生态系统恢复力研究进展综述[J]. 地理科学进展, 2012, 31(3): 303-314.

[139] 成文连, 刘钢, 智庆文, 等. 生态完整性评价的理论和实践[J]. 环境科学与管理, 2010, 35(4): 162-165.

[140] 张明阳, 王克林, 何萍. 生态系统完整性评价研究进展[J]. 热带地理, 2005(1): 10-13.

[141] Holling C S. Adaptive environmental assessment and management[J]. Fire Safety Journal, 1978, 42(1): 11-24.

[142] 向芸芸. 海洋生态适应性管理研究进展[C]. 中国海洋工程学会, 第十七届中国海洋(岸)工程学术讨论会论文集(下), 2015: 7.

[143] Parma A M. What can adaptive management do for our fish, forests, food, and biodiversity[J]. Integrative Biology: Issues, News, and Reviews, 1998, 1(1): 16-26.

[144] Folke C, Hahn T, Olsson P, et al. Adaptive governance of social-ecological systems[J]. Annual Review of Environment and Resources, 2005, 30(1): 441-473.

[145] 盛虎, 向男, 郭怀成, 等. 流域水质管理优化决策模型研究[J]. 环境科学学报, 2013, 33(1): 1-8.

[146] 王文杰, 潘英姿, 王明翠, 等. 区域生态系统适应性管理概念、理论框架及其应用研究[J]. 中国环境监测, 2007(2): 1-8.

[147] Walters C J, Holling C S. Large-scale management experiments and learning by doing[J]. Ecology, 1990, 71(6): 2060-2068.

[148] Williams B K. Passive and active adaptive management: approaches and an example[J]. Journal of Environmental Management, 2011, 92(5): 1371-1378.

[149] 张振冬, 邵魁双, 杨正先, 等. 西沙珊瑚礁生态承载状况评价研究[J]. 海洋环境科学, 2018, 37(4): 487-492.

[150] 李元超, 吴钟解, 梁计林, 等. 近 15 年西沙群岛长棘海星暴发周期及暴发原因分析[J]. 科学通报, 2019, 64(33): 3478-3484.

[151] 吴钟解, 王道儒, 涂志刚, 等. 西沙生态监控区造礁石珊瑚退化原因分析[J]. 海洋学报（中文版）, 2011, 33(4): 140-146.

[152] 李元超, 林国尧, 陈石泉, 等. 三亚红塘湾珊瑚礁生态系统健康评价与影响因素分析[J]. 海洋渔业, 2020, 42(2): 183-191.

[153] 左秀玲, 苏奋振, 张宇, 等. 全球气候变化下南海诸岛保护优先区识别分析[J]. 地理学报, 2020, 75(3): 647-661.

[154] Stafford-Smith M G, Ormnd R F G. Sediment-rejection mechanisms of 42 species of Australian scleractinian coals[J]. Australian Journal of Marine and Freshwater Research, 1992, 43(2). 683-705.

[155] 李邢凡, 曹超, 蔡锋. 涠洲岛珊瑚礁系统特征及台风对其影响[J]. 海洋开发与管理, 2019, 36(11): 49-52.

[156] 陈燕, 李成才, 晁飞飞, 等. 环境因子对造礁石珊瑚白化影响的研究进展及思考[J]. 黑龙江科技信息, 2016(2): 129-130.

[157] Kleypas J A, Buddemeier R W, Archer D. Geochemical consequences of increased atmospheric carbon dioxide on coral reefs[J]. Science, 1999, 284: 118-120.

[158] 吕意华, 娄全胜, 吴鹏, 等. 珊瑚礁监测技术发展现状及原位在线监测建设[J]. 海洋技术学报, 2020, 39(1): 84-90.

[159] 韦蔓新, 黎广钊, 何本茂, 等. 涠洲岛珊瑚礁生态系中浮游动植物与环境因子关系的初步探讨[J]. 海洋湖沼通报, 2005(2): 34-39.

[160] Woesik R V, Done T J. Coral communities and reef growth in the southern Great Barrier Reef[J]. Coral Reefs, 1997, 16(2): 103-115.

[161] 李言达，易亮. 全球变暖和海洋酸化背景下珊瑚礁生态响应的研究进展[J]. 海洋地质与第四纪地质，2021, 41(1): 33-41.

[162] 刘九玲，程译梅，陈天然，等. 西沙海域近百年 SST 上升速率估算[J]. 广东气象, 2017, 39(5): 22-25.

[163] 石拓，郑新庆，张涵，等. 珊瑚礁: 减缓气候变化的潜在蓝色碳汇[J]. 中国科学院院刊, 2021, 36(3): 270-278.

[164] 李淑，余克服，陈天然，等. 珊瑚共生虫黄藻密度的季节变化及其与珊瑚白化的关系——以大亚湾石珊瑚为例[J]. 热带海洋学报, 2011, 30(2): 39-45.

[165] Lantz C A, Schulz K G, Eyre B D. The effect of warming and benthic community acclimation on coral carbonate sediment metabolism and dissolution[J]. Coral Reefs, 2019, 38(1): 149-163.

[166] Kroeker K J, Kordas R L, Crim R N, et al. Meta-analysis reveals negative yet variable effects of ocean acidification on marine organisms[J]. Ecology Letters, 2010, 13(11): 1419-1434.

[167] 韩生生，刘苏峡，宋献方，等. 西沙赵述岛地表蒸散发实验[J]. 地理研究, 2021, 40(1): 172-184.

[168] 蔡榕硕，郭海峡，ABD-ELGAWAD Amro，等. 全球变化背景下暖水珊瑚礁生态系统的适应性与修复研究[J]. 应用海洋学学报, 2021, 40(1): 12-25.

[169] Bellwood D R, Hoey A S, Ackerman J L, et al. Coral bleaching, reef fish community phase shifts and the resilience of coral reefs[J]. Global Change Biology, 2006, 12(9): 1587-1594.

[170] 胡文佳，张典，廖宝林，等. 中国大陆沿岸造礁石珊瑚适生区及保护空缺分析[J]. 中国环境科学，2021, 41(1): 401-411.

[171] 赵美霞，姜大朋，张乔民. 珊瑚岛的动态演变及其稳定性研究综述[J]. 热带地理, 2017, 37(5): 694-700.

[172] Fabricius K E. Effects of terrestrial runoff on the ecology of corals and coral reefs: review and synthesis[J]. Marine Pollution Bulletin, 2005, 50(2): 125-146.

[173] 张浴阳，黄晖，黄洁英，等. 西沙群岛珊瑚幼体培育实验[J]. 海洋开发与管理, 2013, 30(S1): 78-82.

[174] 周红英，姚雪梅，黎李，等. 海南岛周边海域造礁石珊瑚的群落结构及其分布[J]. 生物多样性，2017, 25(10): 1123-1130.

[175] 朱志雄，周永灿，柯韶文，等. 西沙群岛造礁石珊瑚主要疾病调查与初步研究[J]. 海洋学报（中文版），2012, 34(6): 195-204.

[176] 黄洁英，黄晖，张浴阳，等. 膨胀蔷薇珊瑚与壮实鹿角珊瑚的胚胎和幼虫发育[J]. 热带海洋学报，2011, 30(2): 67-73.

[177] Antoine B H. Coral reef degradation in the Phillippines: a SD approach[D]. Bergen: University of Bergen, 2016.

[178] 施祺，赵美霞，张乔民，等. 海南三亚鹿回头造礁石珊瑚碳酸盐生产力的估算[J]. 科学通报，2009, 54(10): 1471-1479.

[179] 刘耕源，刘畅，杨青. 基于能值的海洋生态系统服务核算方法构建及应用[J]. 资源与产业, 2021, 23(1): 20-34.

[180] 江志坚，黄小平. 富营养化对珊瑚礁生态系统影响的研究进展[J]. 海洋环境科学, 2010, 29(2): 280-285.

[181] 邓开开, 李奕璇, 方芳, 等. 营养盐对藻类生长影响的原位实验研究[J]. 土木与环境工程学报(中英文), 2021, 43(4): 162-175.

[182] Fujita K, Fujimura H. Organic and inorganic carbon production by algal symbiont-bearing foraminifera on northwest pacific coral-reef flats[J]. Journal of foraminiferal research, 2008, 38(2): 117-126.

[183] Harney J, Fletcher C. A budget of carbonate framework and sediment production, Kailua Bay, Oahu, Hawaii[J]. Journal of Sedimentary Research, 2003, 73: 856-868.

[184] Brodie J, Fabricius K, De'ath G, et al. Are increased nutrient inputs responsible for more outbreaks of crown-of-thorns starfish? An appraisal of the evidence[J]. Marine Pollution Bulletin, 2004, 51(1-4): 266-278.

[185] 牛文涛, 刘玉新, 林荣澄. 珊瑚礁生态系统健康评价方法的研究进展[J]. 海洋学研究, 2009, 27(4): 77-85.

[186] 燕乃玲, 虞孝感. 生态系统完整性研究进展[J]. 地理科学进展, 2007(1): 17-25.

[187] 李娇, 张艳, 袁伟, 等. 基于模糊综合评价法的人工鱼礁生态系统健康研究[J]. 渔业科学进展, 2018, 39(5): 10-19.

[188] 程建新, 肖佳媚, 陈明茹, 等. 兴化湾海湾生态系统退化评价[J]. 厦门大学学报: 自然科学版, 2012, 51(5): 944-950.

[189] 张立斌, 杨红生. 海洋生境修复和生物资源养护原理与技术研究进展及展望[J]. 生命科学, 2012, 24(9): 1062-1069.

[190] Dearing J A. Landscape change and resilience theory: a palaeoenvironmental assessment from Yunnan, SW China[J]. Holocene, 2008, 18(1): 117-127.

[191] 王丽荣, 于红兵, 李翠田, 等. 海洋生态系统修复研究进展[J]. 应用海洋学学报, 2018, 37(3): 435-446.

[192] 李颖虹, 黄小平, 岳维忠. 西沙永兴岛环境质量状况及管理对策[J]. 海洋环境科学, 2004(1): 50-53.

[193] 莫宝霖, 秦传新, 陈丕茂, 等. 基于 Ecopath 模型的大亚湾海域生态系统结构与功能初步分析[J]. 南方水产科学, 2017, 13(3): 9-19.

[194] 邓文峰, 韦刚健, 陈雪霏, 等. 全新世南海气候环境变化的珊瑚地球化学记录[J]. 矿物岩石地球化学通报, 2019, 38(6): 1046, 1057-1072.

[195] 余克服. 南海珊瑚礁及其对全新世环境变化的记录与响应[J]. 中国科学: 地球科学, 2012, 42(8): 1160-1172.

[196] 张乔民. 热带生物海岸对全球变化的响应[J]. 第四纪研究, 2007(5): 834-844.

[197] Zhou L, Gao S, Gao J H, et al. Reconstructing environmental changes of a Coastal Lagoon with Coral Reefs in Southeastern Hainan Island[J]. Chinese Geographical Science, 2017(3): 68-80.

[198] Masselink G, Tuck M, Mccall R, et al. Physical and numerical modeling of infragravity wave generation and transformation on coral reef platforms[J]. Journal of Geophysical Research, 2019, 124(3): 1410-1433.

[199] Camp E F, Schoepf V, Suggett D J. How can "Super Corals" facilitate global coral reef survival under rapid environmental and climatic change?[J]. Global Change Biology, 2018, 24(7): 2755-2757.

[200] 邵超, 戚洪帅, 蔡锋, 等. 海滩-珊瑚礁系统风暴响应特征研究——以 1409 号台风"威马逊"对清澜港海岸影响为例[J]. 海洋学报, 2016, 38(2): 121-130.

[201] 陈天然, 余克服, 施祺, 等. 大亚湾石珊瑚群落近 25 年的变化及其对 2008 年极端低温事件的响应[J]. 科学通报, 2009, 54(6): 812-820.

[202] 宋晖, 汤坤贤, 林河山, 等. 红树林、海草床和珊瑚礁三大典型海洋生态系统功能关联性研究及展望[J]. 海洋开发与管理, 2014, 31(10): 88-92.

[203] Carvalho R C, Kikuchi R K. Reef Bahia, an integrated GIS approach for coral reef conservation in Bahia, Brazil[J]. Journal of Coastal Conservation, 2013, 17(2): 239-252.

[204] Levine A, Feinholz C L. Participatory GIS to inform coral reef ecosystem management: mapping human coastal and ocean uses in Hawaii[J]. Applied Geography, 2015, 59(59): 60-69.

附录A 珊瑚礁生态系统动力学仿真模型相关变量

表 A.1 环境胁迫珊瑚礁生态系统动力学仿真模型相关变量

变量名称	变量类型	变量单位
陆源沉积	CV	Dmnl
海水温度	CV	Dmnl
海水 pH	CV	Dmnl
营养盐	CV	Dmnl
珊瑚礁	LV	hm^2
珊瑚礁形成	RV	hm^2
珊瑚礁衰退	RV	hm^2
珊瑚礁衰退时间	CV	年
人类活动侵蚀率	CV	Dmnl
自然侵蚀率	CV	Dmnl
沉积物	LV	hm^2
沉积物输入	RV	hm^2
沉积物耗散	RV	hm^2
礁积因子	CV	Dmnl
沉积物对碳酸盐生产力的影响	AV	Dmnl
珊瑚覆盖率	AV	Dmnl
珊瑚钙化率	AV	Dmnl
海水 pH 对虫黄藻密度降低的影响	AV	Dmnl
当前海水 pH	CV	Dmnl
海水温度对虫黄藻密度降低的影响	AV	Dmnl
藻类成熟时间	AV	Dmnl
大藻死亡	LV	hm^2
新生大藻补充	LV	hm^2
藻类被捕食	LV	hm^2

续表

变量名称	变量类型	变量单位
藻类产卵效率	LV	Dmnl
长棘海星幼虫死亡率	AV	Dmnl
藻类产卵频率	CV	Dmnl
珊瑚白化率	AV	Dmnl
珊瑚非自然死亡率	AV	Dmnl
沉积物对藻类成熟时间的影响	AV	Dmnl
海水温度对藻类成熟时间的影响	AV	Dmnl
海水 pH 对藻类成熟时间的影响	AV	Dmnl
珊瑚自然死亡率	AV	Dmnl
成熟珊瑚死亡	RV	hm^2
潜在珊瑚补充	RV	hm^2
珊瑚幼体发育	AV	Dmnl

注：LV 为状态变量，RV 为速率变量，AV 为辅助变量，CV 为常量。模型其他变量见表 A.2。

表 A.2　诊断修复珊瑚礁生态系统动力学仿真模型相关变量

变量名称	变量类型	变量单位	变量名称	变量类型	变量单位
珊瑚类子系统			大法螺补充	RV	只
珊瑚幼体	LV	hm^2	大法螺幼体死亡	RV	只
珊瑚补充	RV	hm^2	大法螺幼体死亡率	AV	Dmnl
珊瑚发育	RV	hm^2	大法螺产卵效率	AV	Dmnl
珊瑚幼体死亡	RV	hm^2	大法螺年均产卵频率	CV	Dmnl
潜在珊瑚幼体	AV	hm^2	大法螺发育	RV	只
珊瑚年均产卵频率	CV	Dmnl	大法螺发育时间	CV	年
珊瑚年均产卵效率	CV	Dmnl	大法螺	LV	只
珊瑚幼体自然死亡率	CV	Dmnl	大法螺死亡	RV	只
珊瑚移植	RV	hm^2	大法螺死亡率	CV	Dmnl
成熟珊瑚	LV	hm^2	大法螺被捕食	RV	只
成熟珊瑚死亡	RV	hm^2	大法螺迁移	RV	只
成熟珊瑚自然死亡率	CV	Dmnl	大法螺迁移时间	CV	年
珊瑚被捕食	RV	hm^2	大法螺拥挤	AV	只
长棘海星平均捕食系数	CV	Dmnl	大法螺环境容纳量	AV	只
活珊瑚	AV	hm^2	大法螺平均自然密度	CV	只/hm^2

续表

变量名称	变量类型	变量单位	变量名称	变量类型	变量单位
活珊瑚非自然死亡率	AV	hm^2	捕捞活动	CV	Dmnl
珊瑚年均病害率	AV	Dmnl	长棘海星幼体	LV	只
珊瑚自然恢复率	CV	Dmnl	长棘海星补充	RV	只
人类活动强度	CV	Dmnl	长棘海星年均产卵效率	CV	Dmnl
自然灾害系数	AV	Dmnl	长棘海星年均产卵频率	CV	Dmnl
自然灾害发生频率	AV	Dmnl	长棘海星暴发	CV	Dmnl
自然灾害发生规模	AV	Dmnl	长棘海星幼体死亡	RV	只
珊瑚礁	LV	hm^2	长棘海星幼体死亡率	CV	Dmnl
珊瑚礁形成	RV	hm^2	长棘海星发育	RV	只
珊瑚礁衰退	RV	hm^2	长棘海星发育时间	AV	年
珊瑚覆盖率	AV	Dmnl	长棘海星正常发育时间	CV	年
珊瑚平均钙化率	AV	$g/(cm^2 \cdot a)$	长棘海星	LV	只
珊瑚碳酸盐生产力	AV	$kg/(m^2 \cdot a)$	长棘海星死亡	RV	只
其他造礁生物碳酸盐生产力	CV	$kg/(m^2 \cdot a)$	长棘海星死亡率	CV	Dmnl
珊瑚礁总碳酸盐生产力	AV	$kg/(m^2 \cdot a)$	长棘海星被捕食	RV	只
底播生物影响表函数	AV	$kg/(m^2 \cdot a)$	大法螺平均捕食系数	CV	Dmnl
礁积因子	CV	Dmnl	活珊瑚可食率	AV	Dmnl
珊瑚礁衰退时间	CV	年	活珊瑚可食率对长棘海星死亡率的影响	AV	Dmnl
人类影响侵蚀率	CV	Dmnl	浮游生物增加对长棘海星发育时间的影响	AV	Dmnl
自然侵蚀率	CV	Dmnl	诊断修复子系统		
沉积物	LV	hm^2	活珊瑚增长率	AV	Dmnl
沉积物耗散	RV	hm^2	珊瑚礁增长率	AV	Dmnl
沉积物输入	RV	hm^2	珊瑚与大藻比例	AV	Dmnl
平均耗散因子	CV	年	长棘海星密度	AV	只/hm^2
陆源沉积量	AV	hm^2	鹦嘴鱼变化率	AV	Dmnl
陆源沉积	CV	Dmnl	珊瑚补充量变化率	AV	Dmnl
底质清理影响表函数	AV	hm^2	生物完整性指数	AV	Dmnl
沉积物对珊瑚礁碳酸盐生产力的影响	AV	Dmnl	沉积物增长率	AV	Dmnl
沉积物对珊瑚发育时间的影响	AV	Dmnl	珊瑚礁可用空间变化率	AV	Dmnl
珊瑚发育时间	AV	年	环境完整性指数	AV	Dmnl
珊瑚正常发育时间	CV	年	生态判别	AV	Dmnl
珊瑚礁可用空间	AV	hm^2			
鱼类总渔获量	AV	个			

续表

变量名称	变量类型	变量单位	变量名称	变量类型	变量单位
藻类子系统			环境判别	AV	Dmnl
珊瑚礁无机氮总含量	LV	mg/L	累积效应	AV	Dmnl
珊瑚礁无机氮溶解	RV	mg/L	突发效应	AV	Dmnl
珊瑚礁无机氮扩散	RV	mg/L	恢复趋势	AV	Dmnl
排污造成的无机氮含量	CV	mg/L	恢复效应	AV	Dmnl
旅游造成的无机氮含量	CV	mg/L	应急底播预案	AV	Dmnl
排放无机氮总量	AV	mg/L	应急去除预案	AV	Dmnl
无机氮溶解因子	CV	Dmnl	应急清理预案	AV	Dmnl
无机氮溶解时间	CV	年	珊瑚礁综合完整性状况	AV	Dmnl
无机氮扩散因子	CV	Dmnl	初级配准	AV	Dmnl
无机氮扩散时间	CV	年	低受损	AV	Dmnl
新生大藻	LV	hm^2	中级配准	AV	Dmnl
大藻补充	RV	hm^2	中受损	AV	Dmnl
大藻发育	RV	hm^2	高级配准	AV	Dmnl
新生大藻死亡	RV	hm^2	重受损	AV	Dmnl
新生大藻死亡率	CV	Dmnl	初级策略	AV	Dmnl
潜在新生大藻	AV	hm^2	中级策略	AV	Dmnl
大藻年均产卵效率	CV	Dmnl	高级策略	AV	Dmnl
大藻年均产卵频率	CV	Dmnl	修复开关	CV	Dmnl
大藻发育时间	AV	年	底质清理量	LV	hm^2
大型藻类	AV	hm^2	清理	RV	hm^2
成熟大藻	LV	hm^2	扩散	RV	hm^2
成熟大藻死亡	RV	hm^2	平均清理间隔	CV	Dmnl
成熟大藻死亡率	CV	Dmnl	平均清理规模	CV	hm^2
成熟大藻迁移	AV	hm^2	清理率	CV	hm^2
成熟大藻随机暴发	CV	Dmnl	敌害生物去除量	LV	只
成熟大藻被捕食	RV	hm^2	去除	RV	只
鹦嘴鱼平均捕食系数	CV	Dmnl	残存	RV	只
大藻正常发育时间	CV	年	平均去除间隔	CV	Dmnl
营养盐对大藻发育时间的影响	AV	Dmnl	平均去除规模	CV	只
沉积物对大藻发育时间的影响	AV	Dmnl	去除率	CV	Dmnl

续表

变量名称	变量类型	变量单位	变量名称	变量类型	变量单位
其他生物类子系统			功能生物底播放流量	LV	只
鹦嘴鱼幼体	LV	尾	底播	RV	只
鹦嘴鱼补充	RV	尾	流失	RV	只
鹦嘴鱼幼体死亡	RV	尾	平均底播间隔	CV	Dmnl
鹦嘴鱼幼体死亡率	AV	Dmnl	平均底播规模	CV	只
鹦嘴鱼产卵效率	AV	Dmnl	定居率	CV	Dmnl
鹦嘴鱼年均产卵频率	CV	Dmnl	人工礁体投置量	LV	个
鹦嘴鱼发育	RV	尾	投置	RV	个
鹦嘴鱼发育时间	CV	年	废损	RV	个
鹦嘴鱼	LV	尾	平均投置间隔	CV	Dmnl
鹦嘴鱼死亡	RV	尾	平均投置规模	CV	个
鹦嘴鱼死亡率	CV	Dmnl	利用率	CV	Dmnl
鹦嘴鱼被捕食	RV	尾	珊瑚小憩移植量	LV	hm^2
鹦嘴鱼迁移	RV	尾	移植	RV	hm^2
鹦嘴鱼迁移时间	CV	年	死亡	RV	hm^2
鹦嘴鱼拥挤	AV	尾	平均移植间隔	CV	Dmnl
鹦嘴鱼环境容纳量	AV	尾	平均移植规模	CV	hm^2
鹦嘴鱼平均自然密度	CV	尾/hm^2	成活率	CV	Dmnl
大法螺幼体	LV	只			

注：LV 为状态变量，RV 为速率变量，AV 为辅助变量，CV 为常量。

附录B 珊瑚礁生态系统动力学仿真模型主要方程式

1. 环境胁迫珊瑚礁生态系统动力学仿真模型主要方程式

（1）INITIAL TIME = 2010

（2）FINAL TIME = 2050

（3）TIME STEP = 0.25

（4）SAVEPER = TIME STEP

（5）陆源沉积=1

（6）沉积物=INTEG(沉积物输入+珊瑚礁衰退-沉积物耗散,10)

（7）沉积物耗散=沉积物*0.25

（8）沉积物输入=RANDOM UNIFORM(0,5,1)*陆源沉积

（9）珊瑚礁衰退时间=500

（10）人类活动侵蚀率=0.01

（11）自然侵蚀率=台风发生频率*台风破坏规模

（12）台风破坏规模=RANDOM UNIFORM(0.5,1,1)

（13）台风发生频率=0.01

（14）生物侵蚀=0.001

（15）鲷鱼= INTEG(鲷鱼发育-鲷鱼死亡-鲷鱼被捕获-鲷鱼迁移,200000)

（16）鲷鱼迁移时间=1

（17）鲷鱼迁移=鲷鱼拥挤/鲷鱼迁移时间

（18）鲷鱼拥挤= MAX(0,鲷鱼-鲷鱼承载力)

（19）鲷鱼自然密度=2000

（20）鲷鱼承载力=珊瑚礁*鲷鱼自然密度

（21）鲷鱼死亡率=0.2

（22）鲷鱼死亡=鲷鱼*鲷鱼死亡率

（23）新生鲷鱼死亡率=0.1

（24）新生鲷鱼死亡=新生鲷鱼*新生鲷鱼死亡率

（25）新生鲷鱼= INTEG(鲷鱼增长-新生鲷鱼死亡-鲷鱼发育,100000)

（26）鲷鱼生长时间=2

（27）鲷鱼发育=新生鲷鱼/鲷鱼生长时间

（28）鲷鱼增长=鲷鱼*鲷鱼产卵效率*鲷鱼产卵频率

（29）鲷鱼产卵效率=0.2

（30）鲷鱼产卵频率=2

（31）鲷鱼被捕获= RANDOM UNIFORM(4000,6000,1)

（32）长棘海星幼虫死亡率=WITH LOOKUP(鲷鱼,([(0,0)-(50000,1)],(0,0.15),(10000,0.3),(20000,0.45),(30000,0.6),(40000,0.75),(50000,0.9)))

（33）长棘海星幼虫死亡=长棘海星幼虫*长棘海星幼虫死亡率

（34）长棘海星幼虫=INTEG(长棘海星增长-长棘海星幼虫死亡-长棘海星成熟,1000)

（35）长棘海星繁殖频率=0.5

（36）长棘海星繁殖效率=1

（37）长棘海星暴发=PULSE TRAIN(2020,5,15,2050)*RANDOM UNIFORM(1400,1800,1)

（38）长棘海星增长=长棘海星*长棘海星繁殖频率*长棘海星繁殖效率+长棘海星暴发

（39）长棘海星暴发= IF THEN ELSE(Time>=2020,(Time-2020)*暴发率*长棘海星暴发规模*RANDOM UNIFORM(50,100,1),0)

（40）长棘海星暴发规模=0

（41）暴发率=0.1

（42）台风增加珊瑚礁营养盐含量=0.01

（43）正常珊瑚礁营养盐含量=0.02

（44）海水温度上升率=0.017

（45）当前海水温度=30

（46）海水温度= IF THEN ELSE(Time>=2020,(Time-2020)*海水温度上升率+当前海水温度,当前海水温度-(2020-Time)*海水温度上升率)

（47）海水温度对虫黄藻密度降低的影响=WITH LOOKUP(海水温度,([(29,0)-(34,1.5)],(29.5,1.2),(30,1),(30.5,0.7),(31,0.5),(31.5,0.4),(32,0.3),(34,0)))

（48）虫黄藻密度=正常虫黄藻密度*海水 pH 对虫黄藻密度降低的影响*海水温度对虫黄藻密度降低的影响

（49）正常虫黄藻密度= 2.5e+006

（50）当前海水 pH=8

（51）海水 pH 下降率=0.05

（52）海水 pH= IF THEN ELSE(Time>=2020,当前海水 pH−(Time−2020)*海水 pH 下降率,当前海水 pH+(2020−Time)*海水 pH 下降率)

（53）海水 pH 对虫黄藻密度降低的影响=WITH LOOKUP(海水 pH,([(5,0)-(9.5,1.5)],(5,0),(6,0.2),(6.5,0.4),(7,0.5),(7.5,0.7),(8,1),(8.5,1.2),(9,0)))

（54）珊瑚白化率=WITH LOOKUP(虫黄藻密度,([(0,0)-(3.5e+006,1)],(0,1),(210000,0.5),(250000,0.6),(500000,0.4),(1e+006,0.3),(2e+006,0.2),(2.5e+006,0.1)))

（55）非自然死亡率=珊瑚白化率*RANDOM UNIFORM(0,1,0)

（56）藻类成熟时间=藻类正常成熟时间*沉积物对藻类成熟时间的影响*海水 pH 对藻类成熟时间的影响*海水温度对藻类成熟时间的影响

（57）沉积物对藻类成熟时间的影响=WITH LOOKUP(沉积物,([(0,0)-(400,4)],(0,1),(80,1.5),(160,2),(240,2.5),(320,3),(400,3.5)))

（58）海水温度对藻类成熟时间的影响=WITH LOOKUP(海水温度,([(25,0)-(34,2.25)],(25,2.25),(26,2),(28,1.75),(29,1.5),(30,1.25),(30.5,1),(31,0.75),(32,0.5),(34,0.25)))

（59）海水 pH 对藻类成熟时间的影响=WITH LOOKUP(海水 pH,([(6,0)-(9,2)],(6,0.25),(6.5,0.5),(7,0.75),(7.5,1),(8,1.25),(8.5,1.5),(9,1.75)))

（60）珊瑚礁衰退=珊瑚礁/珊瑚礁衰退时间+珊瑚礁*(自然侵蚀率+人类活动侵蚀率)

（61）珊瑚礁=INTEG(珊瑚礁形成−珊瑚礁衰退,300)

（62）礁积因子=0.0018

（63）珊瑚礁形成=MAX(珊瑚,0)*珊瑚礁总碳酸盐生产力*礁积因子

（64）沉积物对碳酸盐生产力的影响=WITH LOOKUP(沉积物,([(0,0)-(40,1)],(0,1),(5,0.8),(10,0.6),(15,0.4),(20,0.1),(30,0),(40,0)))

（65）珊瑚覆盖率=WITH LOOKUP(TIME,([(2010,0)-(2050,20)],(2010,11.6),(2011,2.31),(2012,2.4),(2013,5.4),(2014,4.1),(2015,2.7),(2016,5.5),(2020,8),(2030,10),(2040,11),(2050,12)))

其余模型变量相关方程式如下。

2. 诊断修复珊瑚礁生态系统动力学仿真模型主要方程式

（1）INITIAL TIME = 2010

（2）FINAL TIME = 2050

（3）TIME STEP = 0.25

（4）SAVEPER = TIME STEP

（5）中受损=IF THEN ELSE(珊瑚礁综合完整性状况>=60：AND：珊瑚礁综合完整性状况<80,中级配准,0)

（6）中级策略=中受损*修复开关

（7）中级配准=WITH LOOKUP(珊瑚礁综合完整性状况,([(0,0)-(100,10)],(0,0),(59.9,0),(60,2),(79.9,1.1),(80,0),(100,0)))

（8）人工礁体投置量= INTEG(投置-废损,0)

（9）人类影响侵蚀率=0.001

（10）人类活动强度=0.1

（11）低受损=IF THEN ELSE(珊瑚礁综合完整性状况>=80,初级配准,0)

（12）修复开关=1

（13）其他造礁生物碳酸盐生产力=1+底播生物影响表函数

（14）初级策略=低受损*修复开关

（15）初级配准=WITH LOOKUP(珊瑚礁综合完整性状况,([(0,0)-(100,10)],(0,0),(79.9,0),(80,1),(100,0.1)))

（16）利用率=0.6

（17）功能生物底播放流量= INTEG(底播-流失,0)

（18）去除=(平均去除规模*初级策略*应急去除预案)/(平均去除间隔/应急去除预案)+(平均去除规模*中级策略*应急去除预案)/(平均去除间隔/应急去除预案)+(平均去除规模*高级策略*应急去除预案)/(平均去除间隔/应急去除预案)

（19）去除率=0.6

（20）大型藻类=MAX(成熟大藻+新生大藻,0)

（21）大法螺= INTEG(大法螺发育-大法螺死亡-大法螺迁移-大法螺被捕获,200000)

（22）大法螺产卵效率=WITH LOOKUP(成熟珊瑚,([(0,0)-(350,0.8)],(0,0.1),(100,0.4),(150,0.45),(200,0.5),(250,0.55),(300,0.6),(350,0.65)))

（23）大法螺发育=大法螺幼体/大法螺发育时间

（24）大法螺发育时间=2.8

（25）大法螺平均捕食系数=0.0006

（26）大法螺平均自然密度=1500

（27）大法螺年均产卵频率=2

（28）大法螺幼体= INTEG(大法螺补充-大法螺发育-大法螺幼体死亡,100000)

（29）大法螺幼体死亡=大法螺幼体*大法螺幼体死亡率

（30）大法螺幼体死亡率=WITH LOOKUP(珊瑚礁,([(0,0.6)-(1000,1)],(0,0.9),(200,0.85),(400,0.8),(600,0.75),(800,0.7),(1000,0.65)))

（31）大法螺拥挤=MAX(0,大法螺-大法螺环境容纳量)

（32）大法螺死亡=大法螺*大法螺死亡率

（33）大法螺死亡率=0.15

（34）大法螺环境容纳量=珊瑚礁*大法螺平均自然密度

（35）大法螺补充=大法螺*大法螺产卵效率*大法螺年均产卵频率+功能生物底播放流量*0.4

（36）大法螺被捕获=鱼类总捕获量*0.5

（37）大法螺迁移=大法螺拥挤/大法螺迁移时间

（38）大法螺迁移时间=1

（39）大藻发育=MAX(新生大藻/大藻发育时间,0)

（40）大藻发育时间=大藻正常发育时间*沉积物对大藻发育时间影响*营养盐对大藻发育时间的影响

（41）大藻年均产卵效率=1

（42）大藻年均产卵频率=1

（43）大藻正常发育时间=1.5

（44）大藻补充=MIN(珊瑚礁可用空间,潜在新生大藻)

（45）定居率=0.6

（46）平均去除规模=10

（47）平均去除间隔=1

（48）平均底播规模=1000

（49）平均底播间隔=1

（50）平均投置规模=50

（51）平均投置间隔=1

（52）平均清理规模=0.1

（53）平均清理间隔=1

（54）平均移植规模=0.1

（55）平均移植间隔=1

（56）平均耗散因子=0.25

（57）应急去除预案=IF THEN ELSE(长棘海星密度>20,12,IF THEN ELSE(长棘海星密度>15,10,IF THEN ELSE(长棘海星密度>11,8,IF THEN ELSE(长棘海星密度>8,5,1))))

（58）应急底播预案=WITH LOOKUP(鹦嘴鱼变化率,([(−1,0)-(10,100)],(−1,90),(−0.5,80),(−0.45,60),(−0.4,40),(−0.3,30),(−0.1,20),(−0.05,10),(−0.002,1),(0,1),(10,1)))

（59）应急清理预案=IF THEN ELSE(沉积物增长率>0.3：OR：沉积物>35,15,IF THEN ELSE(沉积物增长率>0.25：OR：沉积物>25,10,IF THEN ELSE(沉积物增长率>0.2：OR：沉积物>20,8,1)))

（60）底播=(平均底播规模*中级策略*应急底播预案)/(平均底播间隔/应急底播预案)+(平均底播规模*高级策略*应急底播预案)/(平均底播间隔/应急底播预案)

（61）底播生物影响表函数=WITH LOOKUP(功能生物底播放流量,([(0,0)-(200000,6)],(0,0),(100,0.1),(1000,1),(5000,2),(10000,3),(200000,3)))

（62）底质清理影响表函数=WITH LOOKUP(底质清理量,([(0,0)-(20,8)],(0,0),(0.1,0.08),(0.2,0.16),(0.5,0.4),(1,0.8),(10,8),(20,5)))

（63）底质清理量= INTEG(清理−扩散,0)

（64）废损=人工礁体投置量*(1−利用率)

（65）恢复效应=WITH LOOKUP(恢复趋势,([(−60,0)-(60,20)],(−60,0),(−20,1),(−10,3),(−5,5),(0,8),(1,10),(5,12),(10,15),(30,18),(60,20)))

（66）恢复趋势=(累积效应+突发效应)−DELAY1I(累积效应+突发效应,1,累积效应+突发效应)

（67）成活率=0.6

（68）成熟大藻= INTEG(大藻发育−成熟大藻死亡−成熟大藻被捕食+成熟大藻迁移,30)

（69）成熟大藻死亡=成熟大藻*成熟大藻死亡率

（70）成熟大藻死亡率=0.8

（71）成熟大藻被捕食=MAX(鹦嘴鱼*鹦嘴鱼平均捕食系数,0)

（72）成熟大藻迁移=10+PULSE TRAIN(2020,2,10,2050)*RANDOM UNIFORM (6,10,1)*成熟大藻随机暴发

（73）成熟大藻随机暴发=0

（74）成熟珊瑚= INTEG(珊瑚发育−成熟珊瑚死亡−珊瑚被捕食,100)

（75）成熟珊瑚死亡=成熟珊瑚*(成熟珊瑚自然死亡率+活珊瑚非自然死亡率)

（76）成熟珊瑚自然死亡率=0.1

（77）扩散=底质清理量*(1−清理率)

（78）投置=(平均投置规模*中级策略)/平均投置间隔+(平均投置规模*高级策略)/平均投置间隔

（79）捕捞活动=1

（80）排放无机氮总量=排污造成的无机氮含量+旅游造成的无机氮含量

（81）排污造成的无机氮含量=0.1

（82）敌害生物去除量= INTEG(去除−残存,0)

（83）新生大藻= INTEG(大藻补充−新生大藻死亡−大藻发育,10)

（84）新生大藻死亡=新生大藻*新生大藻死亡率

（85）新生大藻死亡率=0.8

（86）旅游造成的无机氮含量=0.1

（87）无机氮扩散因子=10

（88）无机氮扩散时间=0.25

（89）无机氮溶解因子=15

（90）无机氮溶解时间=0.25

（91）死亡=珊瑚小穗移植量*(1-成活率)

（92）残存=敌害生物去除量*(1-去除率)

（93）沉积物= INTEG(沉积物输入+珊瑚礁衰退-沉积物耗散-底质清理影响表函数,10)

（94）沉积物增长率=XIDZ(沉积物-DELAY1(沉积物,1),DELAY1(沉积物,1),-1)

（95）沉积物对大藻发育时间影响=WITH LOOKUP(沉积物,([(0,0)-(400,4)],(0,1),(80,1.5),(160,2),(240,2.5),(320,3),(400,3.5)))

（96）沉积物对珊瑚发育时间的影响=WITH LOOKUP(沉积物,([(0,0)-(30,6)],(0,1),(8,2),(12,2.5),(16,3),(20,3.5),(30,4.5)))

（97）沉积物对珊瑚礁碳酸盐生产力的影响=WITH LOOKUP(沉积物,([(0,0)-(40,1)],(0,1),(5,0.8),(10,0.6),(15,0.4),(20,0.1),(30,0),(40,0)))

（98）沉积物耗散=沉积物*平均耗散因子

（99）沉积物输入=陆源沉积量

（100）活珊瑚=MAX(珊瑚幼体+成熟珊瑚,0)

（101）活珊瑚可食率=IF THEN ELSE(活珊瑚>0：AND：长棘海星>0,活珊瑚/长棘海星,IF THEN ELSE(活珊瑚>=0：AND：长棘海星<=0,1,0))

（102）活珊瑚可食率对长棘海星死亡率的影响=WITH LOOKUP(活珊瑚可食率,([(0,0)-(10,6)],(0,5),(0.01,2),(0.1,1.5),(0.2,1),(1,1),(10,1)))

（103）活珊瑚增长率=XIDZ(活珊瑚-DELAY1(活珊瑚,1),DELAY1(活珊瑚,1),-1)

（104）活珊瑚非自然死亡率=珊瑚年均病害率+人类活动强度+自然灾害系数-珊瑚自然恢复率

（105）流失=功能生物底播放流量*(1-定居率)

（106）浮游生物增加对长棘海星发育时间的影响=WITH LOOKUP(珊瑚礁无机氮总含量,([(0,0)-(5,2)],(0,1.2),(1,1),(2,0.8),(3,0.6),(4,0.4),(5,0.2)))

（107）清理=(初级策略*平均清理规模*应急清理预案)/(平均清理间隔/应急清理预案)+(中级策略*平均清理规模*应急清理预案)/(平均清理间隔/应急清理预案)+(高级策略*平均清理规模*应急清理预案)/(平均清理间隔/应急清理预案)

（108）清理率=0.6

（109）潜在新生大藻=成熟大藻*大藻年均产卵频率*大藻年均产卵效率

（110）潜在珊瑚幼体=成熟珊瑚*珊瑚年均产卵效率*珊瑚年均产卵频率

（111）环境判别=环境完整性指数

（112）环境完整性指数=IF THEN ELSE(沉积物增长率<0,50,IF THEN ELSE(沉积物增长率>=0：AND：沉积物增长率<0.1,30,10))*0.05+IF THEN ELSE(珊瑚礁无机氮总含量<=0.2,50,IF THEN ELSE(珊瑚礁无机氮总含量>0.2：AND：珊瑚礁无机氮总含量<=0.5,30,10))*0.05+IF THEN ELSE(珊瑚礁可用空间变化率>=-0.05：AND：珊瑚礁可用空间变化率<=0.05,50,IF THEN ELSE(珊瑚礁可用空间变化率>0.1：OR：珊瑚礁可用空间变化率<-0.1,10,30))*0.05

（113）珊瑚与大藻比例=IF THEN ELSE(活珊瑚=0：AND：大型藻类=0,0,XIDZ(活珊瑚,大型藻类,活珊瑚))

（114）珊瑚发育=珊瑚幼体/珊瑚发育时间

（115）珊瑚发育时间=珊瑚正常发育时间*沉积物对珊瑚发育时间的影响

（116）珊瑚小穗移植量= INTEG(移植-死亡,0)

（117）珊瑚平均钙化率=WITH LOOKUP(Time,([(2010,0)-(2050,10)],(2010,8.312),(2011,3.328),(2012,3.328),(2013,4.52),(2014,3.01),(2015,3.01),(2050, 2.551)))

（118）珊瑚年均产卵效率=0.5

（119）珊瑚年均产卵频率=1

（120）珊瑚年均病害率=0.1

（121）珊瑚幼体= INTEG(珊瑚补充-珊瑚发育-珊瑚幼体死亡+珊瑚移植,10)

（122）珊瑚幼体死亡=珊瑚幼体*(珊瑚幼体自然死亡率+活珊瑚非自然死亡率)

（123）珊瑚幼体自然死亡率=0.1

（124）珊瑚正常发育时间=0.25

（125）珊瑚碳酸盐生产力=珊瑚覆盖率*珊瑚平均钙化率

（126）珊瑚礁= INTEG(珊瑚礁形成-珊瑚礁衰退,300)

（127）珊瑚礁可用空间=MAX(珊瑚礁-(MAX(珊瑚幼体,0)+MAX(成熟珊瑚,0)+MAX(大型藻类,0)),0)

（128）珊瑚礁可用空间变化率=XIDZ(珊瑚礁可用空间-DELAY1(珊瑚礁可用空间,1),DELAY1(珊瑚礁可用空间,1),-1)

（129）珊瑚礁增长率=XIDZ(珊瑚礁-(DELAY1(珊瑚礁,1)),(DELAY1(珊瑚礁,1)),-1)

（130）珊瑚礁形成=MAX(成熟珊瑚,0)*珊瑚礁总碳酸盐生产力*礁积因子+人工礁体投置量*0.0004

（131）珊瑚礁总碳酸盐生产力=(珊瑚碳酸盐生产力+其他造礁生物碳酸盐生产力)*沉积物对珊瑚礁碳酸盐生产力的影响

（132）珊瑚礁无机氮总含量= INTEG(珊瑚礁无机氮溶解-珊瑚礁无机氮扩散,0.02)

（133）珊瑚礁无机氮扩散=(珊瑚礁无机氮总含量/无机氮扩散因子)/无机氮扩散时间

（134）珊瑚礁无机氮溶解=(排放无机氮总量/无机氮溶解因子)/无机氮溶解时间

（135）珊瑚礁综合完整性状况=累积效应+恢复效应+突发效应

（136）珊瑚礁衰退=珊瑚礁/珊瑚礁衰退时间+珊瑚礁*(人类影响侵蚀率+自然侵蚀率)+MAX(鹦嘴鱼*3*10^{-7},0)

（137）珊瑚礁衰退时间=500

（138）珊瑚移植=珊瑚小穗移植量

（139）珊瑚自然恢复率=0.03

（140）珊瑚补充=MIN(潜在珊瑚幼体,珊瑚礁可用空间)

（141）珊瑚补充量增长率=IF THEN ELSE(珊瑚补充<=0,-1,XIDZ(珊瑚补充-DELAY1(珊瑚补充,1),DELAY1(珊瑚补充,1),-1))

（142）珊瑚被捕食=MAX(长棘海星*长棘海星平均捕食系数,0)

（143）珊瑚覆盖率=WITH LOOKUP(Time,([(2010,0)-(2050,20)],(2010,11.6),(2011,2.31),(2012,2.4),(2013,5.4),(2014,4.1),(2015,2.7),(2016,5.5),(2020,8),(2030,12),(2040,16),(2050,20)))

（144）生态判别=生物完整性指数

（145）生物完整性指数=IF THEN ELSE(活珊瑚增长率>=0.01,50,IF THEN

ELSE(活珊瑚增长率<0.005,10,30))*0.2+IF THEN ELSE(珊瑚礁增长率>=0.005,50, IF THEN ELSE(珊瑚礁增长率<0,10,30))*0.12+IF THEN ELSE(珊瑚与大藻比例>1,50,IF THEN ELSE(珊瑚与大藻比例<0.5,10,30))*0.15+IF THEN ELSE(珊瑚补充量增长率>0.01,50,IF THEN ELSE(珊瑚补充量增长率<0.005,10,30))*0.13+IF THEN ELSE(长棘海星密度<=1,50,IF THEN ELSE(长棘海星密度>15,10,30))*0.15+IF THEN ELSE(鹦嘴鱼变化率>=-0.05：AND：鹦嘴鱼变化率<=0.05,50,IF THEN ELSE(鹦嘴鱼变化率<-0.1：OR：鹦嘴鱼变化率>0.1,10,30))*0.1

（146）礁积因子=0.0018

（147）移植=(平均移植规模*高级策略)/平均移植间隔

（148）突发效应=IF THEN ELSE(自然灾害系数<0.1,30,IF THEN ELSE(自然灾害系数>=1.5,10,20))*0.3+IF THEN ELSE(成熟大藻随机暴发<=0,30,IF THEN ELSE(成熟大藻随机暴发>5,10,20))*0.3+IF THEN ELSE(长棘海星暴发<=0,30,IF THEN ELSE(长棘海星暴发>5,10,20))*0.4

（149）累积效应=环境判别+生态判别

（150）自然侵蚀率=0.001

（151）自然灾害发生规模=RANDOM UNIFORM(0.5,1.5,1)

（152）自然灾害发生频率=WITH LOOKUP(Time,([(2010,0)-(2050,0.2)],(2010,0.06),(2011,0.11),(2012,0.09),(2013,0.15),(2014,0.09),(2015,0.06),(2016,0.1),(2020,0.094),(2030,0.094),(2040,0.094),(2050,0.094)))

（153）自然灾害系数=自然灾害发生频率*自然灾害发生规模

（154）营养盐对大藻发育时间的影响=WITH LOOKUP(珊瑚礁无机氮总含量,([(0,0)-(5,1)],(0,1),(1,0.5),(2,0.4),(3,0.3),(4,0.2),(5,0.1)))

（155）重受损=IF THEN ELSE(珊瑚礁综合完整性状况<60,高级配准,0)

（156）长棘海星=INTEG(长棘海星发育-长棘海星被捕食-长棘海星死亡,2000)

（157）长棘海星发育=长棘海星幼体/长棘海星发育时间

（158）长棘海星发育时间=长棘海星正常发育时间*浮游生物增加对长棘海星发育时间的影响

（159）长棘海星密度=MAX(长棘海星,0)/珊瑚礁

（160）长棘海星平均捕食系数=0.001825

（161）长棘海星年均产卵效率=1

（162）长棘海星年均产卵频率=0.5

（163）长棘海星幼体= INTEG(长棘海星补充-长棘海星发育-长棘海星幼体死亡,1000)

（164）长棘海星幼体死亡=长棘海星幼体*长棘海星幼体死亡率

（165）长棘海星幼体死亡率=0.2

（166）长棘海星正常发育时间=2

（167）长棘海星死亡=长棘海星*长棘海星死亡率+敌害生物去除量

（168）长棘海星死亡率=0.15*活珊瑚可食率对长棘海星死亡率的影响

（169）长棘海星补充=长棘海星*长棘海星年均产卵效率*长棘海星年均产卵频率+PULSE TRAIN(2020,2,10,2050)*RANDOM UNIFORM(100,300,1)*长棘海星暴发

（170）长棘海星被捕食=MAX(大法螺*大法螺平均捕食系数,0)

（171）长棘海星暴发=0

（172）陆源沉积=1

（173）陆源沉积量=RANDOM UNIFORM(0,5,1)*陆源沉积

（174）高级策略=重受损*修复开关

（175）高级配准=WITH LOOKUP(珊瑚礁综合完整性状况,([(0,0)-(100,10)],(0,0),(30,3.5),(59.9,2.1),(60,0),(100,0)))

（176）鱼类总捕获量=RANDOM UNIFORM(8000,12000,1)*捕捞活动

（177）鹦嘴鱼= INTEG(鹦嘴鱼发育-鹦嘴鱼迁移-鹦嘴鱼死亡-鹦嘴鱼被捕获,200000)

（178）鹦嘴鱼产卵效率=WITH LOOKUP(成熟珊瑚,([(0,0)-(350,0.8)],(0,0.1),(100,0.4),(150,0.45),(200,0.5),(250,0.55),(300,0.6),(350,0.65)))

（179）鹦嘴鱼发育=鹦嘴鱼幼体/鹦嘴鱼发育时间

（180）鹦嘴鱼发育时间=3

（181）鹦嘴鱼变化率=IF THEN ELSE(鹦嘴鱼<=0,-1,XIDZ(鹦嘴鱼-DELAY1(鹦嘴鱼,1),DELAY1(鹦嘴鱼,1),-1))

（182）鹦嘴鱼平均捕食系数=0.0012

（183）鹦嘴鱼平均自然密度=1500

（184）鹦嘴鱼年均产卵频率=2

（185）鹦嘴鱼幼体=INTEG(鹦嘴鱼补充-鹦嘴鱼幼体死亡-鹦嘴鱼发育,100000)

（186）鹦嘴鱼幼体死亡=鹦嘴鱼幼体*鹦嘴鱼幼体死亡率

（187）鹦嘴鱼幼体死亡率=WITH LOOKUP(珊瑚礁,([(0,0.6)-(1000,1)],(0,0.9),(200,0.85),(400,0.8),(600,0.75),(800,0.7),(1000,0.65)))

（188）鹦嘴鱼拥挤=MAX(0,鹦嘴鱼-鹦嘴鱼环境容纳量)

（189）鹦嘴鱼死亡=鹦嘴鱼*鹦嘴鱼死亡率

（190）鹦嘴鱼死亡率=0.15

（191）鹦嘴鱼环境容纳量=珊瑚礁*鹦嘴鱼平均自然密度

（192）鹦嘴鱼补充=鹦嘴鱼*鹦嘴鱼产卵效率*鹦嘴鱼年均产卵频率+功能生物底播放流量*0.6

（193）鹦嘴鱼被捕获=鱼类总捕获量*0.5

（194）鹦嘴鱼迁移=鹦嘴鱼拥挤/鹦嘴鱼迁移时间

（195）鹦嘴鱼迁移时间=1